Eine durch Überschwemmung angegriffene sächsische Staats-Straße im Müglitztal.
Man erkennt deutlich, daß der ungeschützte Schotterbelag zerstört ist, während der
durch eine dünne Asphalthaut nach dem Oberflächen-Verfahren geschützte Teil der
Straße nur geringfügige Beschädigungen erlitt.

Forschungsinstitut für Wasserbau und Wasserkraft e.V. München

Mitteilungen

Heft 2

Sonderheft: Versuche über die Brauchbarkeit von Asphalt und Teer
zur Dichtung und Befestigung von Erdbauten

Mit 66 Abbildungen
und einem Titelbild

Dritte unveränderte Auflage

München und Berlin 1933
Verlag von R. Oldenbourg

Druck von R. Oldenbourg, München und Berlin

Vorwort.

Die Not der Zeit brachte es mit sich, daß das Forschungsinstitut für Wasserbau und Wasserkraft das vorliegende zweite Heft seiner Mitteilungen dem im Jahre 1928 erschienenen ersten Heft erst viel später folgen lassen konnte als ursprünglich gedacht war. In der Zwischenzeit veröffentlichte das Institut seine Arbeiten in gekürzter Form in Fachzeitschriften. Das Forschungsinstitut empfand dies allerdings nicht als Einschränkung, da durch Verbreitung seiner Arbeiten in Zeitschriften ein größerer Leserkreis, vor allem auch im Ausland, erfaßt wurde, als es durch eigene Mitteilungshefte möglich gewesen wäre. Für die Veröffentlichung der vorliegenden Aufsätze erschien es aber aus mehreren Gründen am zweckmäßigsten, wieder die Form eines Mitteilungsheftes zu wählen, da es sich um Untersuchungen über ein neues Gebiet handelt, die eine besonders ausführliche Darstellung aller Überlegungen vor und während der Versuche notwendig machten. Ferner war für die Wahl eines Mitteilungsheftes maßgebend, daß die verschiedenen Aufsätze ein geschlossenes Ganzes bilden und deshalb am besten im Zusammenhang gebracht werden.

Wie erwähnt, führen die Versuche in ein Neuland: die Sicherung und Dichtung von Erdbauten durch Asphalt- und Teerdecken gegen Angriffe und Durchtritt von Wasser. Asphalt wurde zwar schon mehrfach als Hilfsmittel zur Dichtung oder Sicherung von Wasserbauten verwendet, wie auch aus den Berichten zum XV. Internationalen Schiffahrtskongreß in Venedig 1931 hervorgeht, aber stets nur in Verbindung mit einem Tragkörper. Neu sind nun die Versuche des Forschungsinstitutes für Wasserbau und Wasserkraft, Asphalt- und Teerprodukte zur Herstellung selbständiger Beläge für die Auskleidung von Werk- und Schiffahrtskanälen, Staubecken und anderen Erdbauten zu verwenden. Die Anregung zu den vorliegenden Versuchen stammt von H. Mößlang, einem Mitarbeiter des Forschungsinstitutes, dem auch die ganze Planung und Durchführung der Versuche in den Versuchsanlagen Obernach übertragen wurden. Die Versuchsanstalt des Forschungsinstitutes für Wasserbau und Wasserkraft in Obernach am Walchensee, deren Beschreibung der Leser einer der im Anhang angegebenen Schriften entnehmen möge, liegt vollständig im Freien und befaßt sich hauptsächlich mit großmaßstäblichen Versuchen. Zu diesem Zweck müssen die Versuchsgerinne, die teilweise 4 m³/s und mehr Wasser führen, in einem angeschwemmten stark durchlässigen Gelände errichtet werden. Es ergibt sich also sofort die Notwendigkeit, diese Versuchsgerinne gegen Wasserversickerung zu schützen. Der ursprüngliche Plan, Beton oder Lehm zu wählen, scheiterte an den hohen Kosten. Mößlang schlug deshalb vor — in Anlehnung an Erfahrungen des modernen Straßenbaues — die Dichtung mit Asphalt- oder Teerdecken zu versuchen. Da schon die ersten Versuche zur vollen Zufriedenheit ausfielen und außerdem die Herstellung der Dichtungsbeläge nur verhältnismäßig geringe Kosten erforderte, machte Mößlang den Vorschlag, einen Schritt weiter zu gehen und die allgemeine Verwendungsmöglichkeit von Asphalt und Teer zu Dichtungs- und Sicherungszwecken im Wasserbau zu untersuchen. Gerade die Versuchsanstalt Obernach hat für derartige Versuche besonders geeignete Vorbedingungen und nahm deshalb auch solche Versuche schon in der Gründungsdenkschrift in ihr Programm auf. Dabei kamen den vorliegenden Arbeiten nicht nur die großen Abmessungen der Versuchsgerinne und sonstigen Bauten zustatten, sondern auch die Höhenlage (823 m über NN) der Versuchsanstalt, in der die Einflüsse des Frostes während der Wintermonate eingehend beobachtet werden können.

Das Forschungsinstitut ist sich wohl bewußt, daß den in den nachfolgenden Aufsätzen beschriebenen Versuchen in der Praxis manche Kritik und manche Bedenken entgegengehalten werden.

Es ist das Schicksal jeder Neuerung, daß sie mit den Vorurteilen des Althergebrachten, des durch die Erfahrung „Bewährten" gemessen wird. Es ist auch nur zu verständlich, daß gerade der Wasserbauer ungern und dann nur schrittweise von bewährten Vorbildern abweicht, da jede Neuerung möglicherweise Gefahrenquellen in sich birgt, die eine Gefährdung des Bauwerkes bedeuten können und vielfach erst im Laufe der Zeit in ihrer vollen Tragweite zu erkennen sind.

Als das Forschungsinstitut mit den ersten Versuchen zur Auskleidung eines Erdkanales mit bituminösen Decken begann, fehlte es nicht an Stimmen, die an der Berechtigung und am Erfolg dieser Versuche starke Zweifel hegten. Allen Bedenken gegenüber führte das Forschungsinstitut stets drei Gründe ins Feld: daß Bitumendecken wasserundurchlässig sind, fugenlos verlegt werden können und sich den unvermeidlichen Setzungen des Erdreiches besser anpassen als andere Dichtungsmittel, namentlich Beton. Diese Erfahrungen sind zwar aus dem Straßenbau bekannt, doch ist zu bemerken, daß bei der Herstellung selbständiger Bitumendecken für Wasserbauten den besonderen Erfordernissen entsprechend von den im Straßenbau üblichen Verfahren mehr oder weniger stark abgegangen werden mußte. Die anfangs auch von seiten des Forschungsinstitutes gehegte Zurückhaltung schwand mehr und mehr, als durch den Fortschritt der Versuche klar wurde, daß sich Bitumen zur Dichtung und Sicherung von Kanälen grundsätzlich bewährte. Es mag in diesem Zusammenhang auch auf das Titelbild des Mitteilungsheftes hingewiesen werden, das eine sächsische Staatsstraße im Müglitztal nach einer Überschwemmung zeigt. Aus dem Bild geht deutlich hervor, daß der ungeschützte eingewalzte Schotterbelag fortgespült ist, während die schwache bituminöse Oberflächenschicht genügend Widerstandskraft besaß, den Zerstörungen des Wassers zu trotzen. Die Abneigung, die anfänglich in manchen Fachkreisen gegen die Verwendung von Bitumen zu Dichtungszwecken im Wasserbau herrschte, wurde nicht nur durch die befriedigenden Ergebnisse in der Versuchsanstalt Obernach gemildert, sondern auch durch einige in der Zwischenzeit bekannt gewordene ungünstige Erfahrungen an betonierten Kanälen.

Die Versuchsarbeiten des Forschungsinstitutes sind nun in der Hauptsache abgeschlossen. Es wird Aufgabe der Praxis sein, die Arbeiten des Institutes zu verwerten und weitere Erfahrungen zu sammeln, wobei sich das Institut erbietet, stets mit Rat und Tat behilflich zu sein. Deshalb ist es dem Institut auch eine große Befriedigung, daß auf seine bisherigen Erfahrungen hin bereits eine Ufersicherung am Rhein, in der Nähe von Düsseldorf, mit bituminösen Bindemitteln ausgeführt wurde und daß in der Fachwelt das Interesse für diese Dichtungs- und Sicherungsbauweisen erheblich gewachsen ist. Da die Entwicklung der Asphaltierungstechnik von Jahr zu Jahr fortschreitet, können manche Ausführungsformen, die bei den Versuchen des Forschungsinstitutes benützt wurden, binnen kurzem überholt werden. Deshalb müssen die Arbeiten des Forschungsinstitutes als ein erster Versuch betrachtet werden, die Erfahrungen des modernen Straßenbaues den Anforderungen des Wasserbaues anzupassen. Die Arbeitsmethoden werden sich vielleicht ändern, der Grundgedanke und die Richtlinien aber bleiben erhalten.

In diesem Zusammenhang sei auch darauf hingewiesen, daß dem Forschungsinstitut von mancher Seite der Vorwurf gemacht wurde, es habe Asphalt gegenüber den heimischen Teerprodukten bevorzugt. Dieser Vorwurf wird dadurch entkräftet, daß das Forschungsinstitut darauf achten mußte, zunächst dasjenige Dichtungsmittel zu wählen, das durch seine Güte die beste Bewährung versprach. Asphalt erfüllte, wie aus den folgenden Arbeiten hervorgeht, die gestellten Forderungen, Teer dagegen nicht in vollem Umfang.

Zu den einzelnen Artikeln dieses Heftes ist zu bemerken, daß zunächst Dr. Kurzmann eine in knapper Form gehaltene Kritik der verschiedenen Dichtungsmittel bei Wasserbauten bringt. Anschließend daran berichtet Mößlang über die in Obernach durchgeführten Versuche. Der Leser wird erkennen, daß das ganze Gebiet eine Fülle von Versuchsmöglichkeiten zuläßt, von denen aus zeitlichen und wirtschaftlichen Gründen die für den gestellten Zweck wesentlichen Fälle herausgegriffen wurden. Die Auswahl wurde so getroffen, daß ein genügend klares Bild über die Güte der neuen Bauweisen, die Art und Beschaffenheit des Dichtungsmittels und der einzelnen Aufbringungsverfahren entstand. Die ausführliche Darstellung aller Überlegungen während der Versuche dürfte von großem Wert für die Praxis sein, wenn sie von den Versuchserfahrungen des Institutes bei der Sicherung und Dichtung von Erdbauten Gebrauch machen will. Der dritte Aufsatz von G. Wäcken ist rein hydraulischer Natur und behandelt die Ermittlung der Rauhigkeitsbeiwerte von asphaltierten Kanälen. Die vorsichtige Ausdrucksweise in dem Aufsatz mag darauf hinweisen, daß die ermittelten Werte nur als Anhalt dienen sollen und weitere Untersuchungen unter günstigeren Bedingungen folgen werden. Der letzte Aufsatz von Dr. Ziegs steht nur in losem Zusammenhang mit dem Vorhergehenden. Es dürfte aber gerade dieser Aufsatz von manchem Leser begrüßt werden, da er eine klare Übersicht über die Bezeichnungen und Ausführungsformen von Asphalt- und Teerdecken im Straßenbau bringt und damit das Verständnis der anderen Aufsätze, die großenteils die Kenntnis dieser Bezeichnungen voraussetzen, wesentlich erleichtert.

Zum Schlusse sei allen Mitarbeitern, die zum Gelingen dieses Heftes beigetragen haben, gedankt. Insbesondere gebührt dieser Dank Oberregierungsrat Dr. Kurzmann, der die Arbeiten des Forschungsinstitutes nicht nur jederzeit förderte, sondern auch die Freundlichkeit hatte, die vorliegenden Aufsätze durchzusehen und zu überarbeiten. Gedankt sei ferner den Behörden und Firmen, die unsere Versuche trotz der schweren Wirtschaftslage in großzügiger Weise unterstützten. Es sind zu nennen:

Der Stadtrat der Stadt München,
das Straßen- und Flußbauamt Weilheim,
Philipp Holzmann A.-G., Zweigniederlassung München,
Rhenania-Ossag, Mineralölwerke A.-G., Hamburg,
Bayerische Berg-, Hütten- und Salzwerke A.-G., Hüttenwerk Sonthofen,
Frankfurter Maschinenbau A.-G., vormals Pockorny & Wittekind, Frankfurt,
Maschinenfabrik W. & J. Scheid, Limburg/Lahn.

Dem Forschungsinstitut wäre es eine besondere Freude, wenn das vorliegende Mitteilungsheft in der Fachwelt Anklang finden und der Praxis weitere Anregungen zur Verwertung der mitgeteilten Erfahrungen geben würde. Es wäre dies ein neuer Beweis für den Wert und Nutzen einer innigen Zusammenarbeit zwischen Forschungsstätten und Praxis.

Dresden und München im August 1932.

O. Kirschmer.

Inhaltsverzeichnis.

Die Dichtung von Erdbauten

Von

Oberregierungsrat Dr.-Ing. S. Kurzmann,

Stellv. Vorstandsmitglied der „Bayernwerk A. G.", „Mittlere Isar A.-G." und „Walchenseewerk A.-G."
Mitglied des Verwaltungsrats und Wissenschaftlichen Beirats des Forschungsinstituts für Wasserbau und Wasserkraft.

Der Wasserbau benützt vielfach Erdbauten zur Aufnahme einseitigen Wasserdrucks. So finden wir bei Talsperrenanlagen oft hohe Erddämme. Sammelbehälter auf Höhenzügen für Pumpspeicherwerke oder für sonstige Zwecke, Speicher- und Ausgleichbecken für Wasserkraftanlagen sind häufig vollständig von Erddämmen umschlossen. Bei Kanälen, die der Schiffahrt, dem Wasserkraftbetrieb, der Bewässerung oder sonstigen Aufgaben dienen, verläuft das Wasser häufig in Dammstrecken. Hierher gehören auch Hochwasserdämme und Schutzdeiche. All diesen Wasserbauten ist eigentümlich, daß der Wasserspiegel, den sie begrenzen, höher liegt als das umgebende Gelände und der Grundwasserspiegel. Das Wasser ist bestrebt, diesen Höhenunterschied zu überwinden und den stützenden Erdbau zu durchdringen. Ist dies möglich, so entstehen Wasserverluste, wobei die Dämme selbst gefährdet und die benachbarten Grundstücke durchfeuchtet werden können. Daher muß, soweit der Erdbau nicht aus undurchlässigem Boden besteht, das Durchsickern von Wasser durch Dichtung verhütet werden.

Bei geringer Wassertiefe kann oft die Dichtung bei der Inbetriebnahme der Anlagen den von den Hochwässern mitgebrachten oder sonstigen im Wasser enthaltenen Sinkstoffen überlassen werden, die in die Poren der wasserbenetzten Flächen eingezogen werden und hier allmählich eine Dichtungshaut bilden. Bei größerer Wassertiefe müssen schon beim Bau eigene Dichtungsmaßnahmen getroffen werden. Als solche kommen entweder ein Kern in der Mitte des Dammes oder eine Decke an der wasserseitigen Böschung in Betracht. Wie Schoklitsch[1]) in bezug auf die Staudämme für Talsperren ausführt, sind die Meinungen der Fachleute geteilt, welche von beiden Bauweisen vorzuziehen ist. Er legt dar, daß „bei Dämmen mit Kern die Dichtung vor allen Beschädigungen gut gesichert ist und selbst bei Böschungsrutschungen unversehrt bleibt. Sickerungen um den Dichtungsfuß sind erschwert, weil die wasserseitige Dammhälfte den Boden vor der Dichtung belastet und zusammenpreßt; der Dichtungskern ist einfacher und billiger herzustellen als die Dichtungsdecke; dagegen teilt der Kern den ganzen Damm in zwei Teile und bewirkt so, daß der Damm umständlicher zu schütten ist. Bei Dämmen mit Dichtungsdecken wird der ganze Stützkörper vor dem Durchsickern des Wassers geschützt; die Decke ist aber empfindlich, neigt bei steileren wasserseitigen Böschungen zum Rutschen und wird von Eis leicht beschädigt; die Gefahr einer Sickerung um den Fuß der Dichtungsdecke ist in vielen Fällen gegeben."

Die Kerndichtung finden wir im allgemeinen nur bei Staudämmen für Talsperren. An dem von 1914 bis 1917 erbauten Werkkanal der Wasserkraftanlage Gösgen[2]) an der Aare wurden die Dämme in den Strecken, in denen der Wasserspiegel mehr als 4 m über Gelände zu liegen kam, ebenfalls mit einem Kern aus sandschüssigem Lehm ausgestattet. Sonst werden Schiffahrts- und Werkkanäle fast durchweg nur mit Deckendichtung versehen, da sich die Kanäle über Gelände von wechselnder Gestalt hinziehen, wobei meistens auch die Sohle eine schützende Decke zu erhalten hat; zweckmäßigerweise werden dann auch die wasserseitigen Böschungen mit einer Decke abgedichtet. Der Kern kann in sehr verschiedener Weise aus Lehm, Beton oder Eisenbeton ausgeführt werden.

[1]) Schoklitsch: Der Wasserbau. Wien, Verlag Springer, 1930, 2. Bd., S. 493.
[2]) Schweizerische Bauzeitung 1920.

Mit dem undurchlässigen Untergrund wird er durch Herdmauern, Lehmschlag oder Spundwände verbunden. Weiteres ist in dem Schrifttum über Talsperren[1]) nachzulesen.

Das vorliegende Heft der Veröffentlichungen des Forschungsinstitutes für Wasserbau und Wasserkraft befaßt sich nur mit der Deckendichtung, auf die daher näher eingegangen werden soll.

Die älteste Art der Deckendichtung ist wohl die mit Lehm. Die Lehmdecke erhält je nach der Wassertiefe und den Eigenschaften des Materials eine Stärke von 0,20—1,00 m. Sie wird gewöhnlich in dünnen Schichten aufgebracht, die gestampft oder gewalzt werden. Das Lehmmaterial soll grubenfeucht verwendet werden und, um Schwindrisse zu vermeiden, nicht zu plastisch, sondern entsprechend mit feinem Sand gemischt sein. Die Unterlage der Decke darf nicht zu steil geböscht sein (höchstens 1:2), damit die Decke nicht abrutscht. Möglichst bald nach dem Herstellen der Decke muß eine etwa 0,50 m starke Schicht aus Kies aufgebracht werden, die den Lehm vor dem Austrocknen schützen und später verhüten soll, daß der Lehm von Wasser erweicht und abgespült wird. Bei dem auch der Schiffahrt dienenden Kanal der Wasserkraftanlage Lyon an der Rhone wurden die Böschungen mit einer Lehmdecke versehen, die in waagrechten Schichten von 10 cm aufgetragen, alsdann mit hydraulischem Kalkpulver bestreut und mit geriffelten Walzen oder Stampfen zusammengepreßt wurde. Diese Decklage, die schon nach einigen Tagen die Festigkeit einer Straßendecke gewann, erwies sich als dicht[2]). Bei Kerndichtung wurde in vielen Fällen in ähnlicher Weise noch Kalk dem Lehm beigesetzt, bei Deckendichtung ist dies im allgemeinen nicht üblich. Bei Kanälen hat die Abdeckung mit Lehm den Nachteil, daß die Aushubmassen in Strecken, die nicht vollständig im Auftrag liegen, wegen des erforderlichen großen Raumes für Lehmdecke und Schutzschicht und wegen der notwendigen flacheren Neigung der Böschungen wesentlich größer werden als bei anderen Decken, z. B. einer Betondecke. Wenn auch eine Lehmschichte an und für sich billiger ist wie eine Betondecke oder eine andere Art der Abdeckung, so wird dies in den meisten Fällen bei Kanälen durch die Mehrkosten des Aushubs und des Baugrundes mehr wie aufgehoben. Die Lehmdecke wird daher jetzt im allgemeinen nur noch bei Schiffahrtskanälen angewandt, wo die Böschungen an und für sich wegen der Schiffahrt flache Neigung erhalten müssen. Ein weiterer Nachteil der Lehmdecke hat sich bei einer erst vor kurzem fertiggestellten Wasserkraftanlage gezeigt. Wenn nämlich die Decke infolge Mängel der Herstellung an einzelnen Stellen Wasser durchläßt, so ist die Wahrscheinlichkeit, daß eine natürliche Dichtung durch die Hochwassersinkstoffe eintritt, nur gering, weil die Sinkstoffe von der kiesigen Schutzschicht zurückgehalten werden und nicht bis zur Lehmdecke gelangen. Die geringsten Wasserfäden, die durch die Dichtungshaut auf der Schutzschichte dringen, finden ihren Weg zu der durchlässigen Stelle im Lehm und bilden sich rasch in kräftige Wasseradern um.

Die in den letzten Jahrzehnten erbauten Werkkanäle erhielten fast alle Betonauskleidung. Diese Art der Deckendichtung habe ich in zwei Aufsätzen[3]) nach ihrer Wirksamkeit und Herstellungsweise eingehend behandelt. Wie ich dort ausgeführt habe, war für die Betonanwendung zunächst wohl bestimmend, daß man von ihr für die benetzten Flächen den Schutz vor Abspülung und die Verminderung der Rauhigkeit erwartete. Als dritte Aufgabe kam dann noch die Dichtung der wasserseitigen Flächen des Werkkanals hinzu. Da es sich meist um sehr große Ausmaße handelt, kann wegen der Kosten der Beton nur in verhältnismäßig magerer Mischung bereitet werden. Er ist daher an und für sich nicht dicht, sondern nur als ein Mittel anzusehen, das die Dichtung fördert. Sie erfolgt dadurch, daß die vom Wasser mitgeführten Sinkstoffe in die Poren des Betons eindringen und so den Wasserdurchtritt verhüten. Die Dichtung wird aber schon deshalb niemals vollkommen sein, weil mit Rücksicht auf die Wärmeeinflüsse und auf etwaige Setzungen in Dammstrecken die Betonabdeckung nicht in einem Stück ausgeführt werden kann, sondern in bestimmten

[1]) Z. B. Ziegler: Talsperrenbau. Berlin, W. Ernst & Sohn, 1925.

[2]) Koehn: Ausbau von Wasserkräften, Handbuch der Ingenieurwissenschaften, der Wasserbau. Leipzig 1908, S. 515.

[3]) Kurzmann: Die Betonauskleidung der Werkkanäle, Wasserkraftjahrbuch 1924, und „Die Bautechnik" 1926, Heft 4 und 6, ferner Wasserkraftjahrbuch 1928/29 und „Die Bautechnik" 1930, Heft 38.

Abständen Trennungsfugen erhalten muß, die man an den Böschungen meist nur senkrecht zur Kanalachse legt, während sie an der Sohle schachbrettartig angeordnet werden. In einzelnen Fällen wurden statt der an Ort und Stelle betonierten Decke auch in einer ortsfesten Anlage hergestellte Betonplatten verwendet. Wenn auch die Stöße dieser Platten in Mörtel versetzt werden, so werden sich auch hier unter den erwähnten Einflüssen einzelne Fugen öffnen. Selbst bei einer Eisenbetondecke kann auf die Trennungsfugen nicht verzichtet werden. Von einer vollständig dichten Decke kann daher aus all diesen Gründen nicht gesprochen werden, jedoch hat die Erfahrung gezeigt, daß auch diese Fugen und etwaige Haarrisse, die im Beton auftreten, durch die Sinkstoffe so weit geschlossen werden, daß man die Decke praktisch als dicht bezeichnen kann. Die Trennungsfugen können bei den an Ort und Stelle gefertigten Betondecken entweder als Baufugen durch versetztes Betonieren der Felder oder durch Einlage von Pappe oder von dünnen Brettern gewonnen werden. Bei maschinellem Aufbringen des Betons legt man dünne Brettchen ein, die mit einbetoniert werden, jedoch nicht bis an die Oberfläche des Betons reichen. Sie sollen bewirken, daß sich gegebenenfalls die dünne Betonschichte über den Brettchen öffnet. Alle diese Maßnahmen werden getroffen, damit beim Zusammenziehen des Betons infolge Abnahme der Luft- oder Wasserwärme oder beim Setzen der Dämme keine wilden Risse entstehen. Sie sind aber nicht geeignet, der Ausdehnung des Betons infolge Zunahme der Wärme Rechnung zu tragen. An den nicht von Wasser benetzten Böschungsdecken zeigen sich denn auch nach starker Sonnenbestrahlung Abblätterungen des Betons an den Fugen. Man will daher bei neueren Ausführungen im Beton elastische Fugen durch Ausgießen mit Asphalt herstellen.

Wie aus den bisherigen Darlegungen hervorgeht, haben sowohl die Lehmdecke wie die Betonauskleidung ihre Nachteile. Es ist daher begrüßenswert, daß sich das Forschungsinstitut für Wasserbau und Wasserkraft damit beschäftigt, eine neue Art der Deckendichtung zu erproben. Die nachfolgenden Aufsätze zeigen, in wie gründlicher Weise dies unter Anlehnen an die Erfahrungen des Straßenbaus geschehen ist. Ohne Zweifel sind die dort behandelten bituminösen Mischdecken als geeignete Dichtungsdecken anzusehen. Sie haben den Vorteil, daß infolge ihrer Elastizität besondere Trennungsfugen wie beim Beton zur Aufnahme der Einflüsse von Temperatur oder von Setzungen der Dämme nicht notwendig werden. Wie weit sich bei guter maschineller Einrichtung Baufugen vermeiden lassen, kann allerdings erst bei tatsächlicher Verwendung der Mischdecken im Wasserbau festgestellt werden. Hauptsächlich werden gegen diese Art der Dichtung noch Bedenken insofern erhoben werden können, als zweifelhaft ist, wie die Mischdecken bei Werkkanälen auf die Dauer den Frostangriffen in der Wasserlinie gewachsen sein werden, da sich die Erfahrungen bei dem Forschungsinstitut erst über zwei Winter erstrecken. Hierüber wird erst in einiger Zeit abschließend geurteilt werden können. Bei den Schiffahrtskanälen werden die Decken zu ihrem Schutze vor Beschädigungen durch Schiffe und Anker immer eine entsprechende Kiesüberlagerung erhalten müssen. Hier wird dann die Gefahr der Frosteinwirkung nicht bestehen, daher erscheint mir für Schiffahrtskanäle heute schon die Möglichkeit gegeben, im großen Maßstab einen Versuch mit den vorgeschlagenen Mischdecken zu machen, zumal sich mit Rücksicht auf die Aushub- und Baugrunderparnis ihre Kosten nicht höher stellen werden als bei der bisher üblichen Lehmdichtung. Nochmals möchte ich betonen, daß es dem Forschungsinstitut für Wasserbau und Wasserkraft als besonderes Verdienst anzurechnen ist, diese für den Wasserbau wichtige Frage angeschnitten zu haben.

Versuche mit Asphalt und Teer zur Dichtung und Befestigung von Erdbauten

von

H. Mößlang,
Forschungsinstitut für Wasserbau und Wasserkraft.

Die in diesem Mitteilungsheft besprochenen Versuchsarbeiten über die Brauchbarkeit von Bitumen zur Dichtung von Erdbauten wurden durch die im vorhergehenden Aufsatz von Dr. Kurzmann geschilderten Erfahrungen mit den bisher üblichen Dichtungs- und Sicherungsbauweisen angeregt. Eigentlich veranlaßt wurden sie durch Bedürfnisse der Versuchsanstalt Obernach des Forschungsinstitutes für Wasserbau und Wasserkraft e. V., München, selbst. Bei den flußbaulichen Großmodellversuchen im freien Gelände wird es nämlich meist notwendig, das aufgebaute Großmodell durch einen unter der Sohle eingebauten Dichtungsbelag gegen Wasserversickerung zu schützen. Weder Lehm noch Beton erschienen hierfür besonders geeignet; von Beton war abzusehen, weil er zumindest nicht von Anfang an dicht ist und weil er Umbauten, wie sie bei Versuchsmodellen notwendig sind, erschwert und verteuert. Das Forschungsinstitut suchte daher für diesen Zweck die modernen Straßenbauverfahren heranzuziehen, die die gestellten Aufgaben weitgehend zu erfüllen schienen. Die Möglichkeit, sie auf die Bedürfnisse des Wasserbaus zu übertragen, wurde daher an den Erdkanälen und sonstigen Erdbauten der Versuchsanstalt Obernach erprobt. Die hohe Festigkeit der modernen mit bituminösen Bindestoffen hergestellten Fahrbahnbeläge sowie insbesondere ihr Vorzug, daß sie vollkommen fugenfrei verlegt werden können, legten dann den Gedanken nahe, zu prüfen, ob die im Straßenbau gemachten Erfahrungen nicht nur für Modellbauten, sondern auch für den Wasserbau im allgemeinen nützlich sein können.

Die im folgenden geschilderten Versuche wurden in den Jahren 1929/32 durchgeführt und gliedern sich in drei Abschnitte. In den beiden ersten wurde vor allem die Verwendung von Asphalt[1]) und Teer zur Dichtung großer Modellbauten untersucht, während im dritten Abschnitt die gewonnenen Ergebnisse dazu benützt wurden, die Versuche auf die Möglichkeit der Dichtung und Sicherung von Bauten im praktischen Wasserbau (Werk- und Schiffahrtskanäle, Staudämme, Ufersicherungen usw.) auszudehnen.

Die drei Gruppen der Versuchsarbeiten wurden zeitlich jeweils durch die Wintermonate getrennt. In jedem folgenden Zeitabschnitt konnten die früheren Erfahrungen nutzbringend verwendet werden, so daß allmählich die Wertigkeit der Verfahren gesteigert wurde, bis schließlich Bauweisen erreicht wurden, die für den Eingang in die Praxis genügend entwickelt erscheinen.

---

[1]) Wie im Aufsatz von Dr. Ziegs einleitend erklärt, besteht in der Benennung der hier in Frage stehenden Klebestoffe keine Einheitlichkeit. Im Sprachgebrauch des neuzeitlichen Straßenbaus werden die Namen „Bitumen" und „Asphalt" häufig für das gleiche Produkt, nämlich Erdölbitumen gebraucht. Auch in diesen Ausführungen werden beide Bezeichnungen gleichwertig verwendet. Bemerkenswert in diesem Zusammenhang sind die Ausführungen von Dr. H. Bösenberg: Warum die Verwirrung der Begriffe Teer, Bitumen, Asphalt? Ztschr. Bitumen 1932, H. 4, S. 81.

Allgemeine Gesichtspunkte über Bitumendecken im Straßenbau und Wasserbau.

Zur Befestigung der Fahrbahn bedient man sich im Straßenbau der Teere und Asphalte. Die Verwendung dieser Bindemittel entsprang zunächst dem Bedürfnis, die durch die Kraftfahrzeuge vermehrte Staubentwicklung zu bekämpfen. Anfangs geschah dies nur mit Rücksicht auf die nächste Umgebung der Straße in der einfachen Weise, daß man Teere und Asphalte auf die Fahrbahnoberfläche aufgoß. Hierbei zeigte sich, daß die Lebensdauer von Straßen, bei denen der Staub gebunden war, gegenüber den nicht geschützten wesentlich stieg, und man erkannte dadurch die Brauchbarkeit solcher Stoffe zur Fahrbahn-Befestigung[1]). Die Staubabwehr war bald nur noch Nebensache; der Hauptwert lag darin, daß der Klebestoff durch Verbindung der Steine und Körner eine hohen Beanspruchungen gewachsene Fahrbahn schuf.

Man fand ferner, daß Teer und Asphalt das Tagwasser vom Straßenunterbau fernhielten und dadurch seine Lebensdauer wesentlich verlängerten. Diese Erkenntnis machte sich neuerdings auch der Eisenbahnbau zunutze. Um das Hochdrücken schlammhaltigen Wassers in den Schotter zu verhindern, wird heute bei Gleisumbauten vielfach eine Bitumen-Isolierschicht zwischen Planum und Schotterung gelegt (Bild 66, Seite 63).

Es lag nahe, nachzuforschen, inwieweit auch die Bedürfnisse des Wasserbaus die Anwendung von Bitumen nützlich erscheinen lassen. Uferabspülungen an Flüssen und Seen sind vor allem darauf zurückzuführen, daß die feinen und feinsten Bestandteile des Ufermaterials vom Wasser weggeführt werden, wodurch auch größere Bestandteile freigelegt werden und nachbrechen können. Gelingt es, die feinsten Bestandteile in ihrer Lage zu erhalten — ähnlich wie auf der Straße den Staub —, so ist eine Zerstörung des Ufers zumindestens sehr erschwert. Eine Verklebung der feineren Bestandteile des Ufers dürfte den mechanischen Beanspruchungen meist genügend Widerstand leisten und damit eine erwünschte Sicherung des Ufers bewirken.

Wenn man nun das Festhalten der Teile mit einer solchen Menge von Bindemittel zu erreichen versucht, daß die Hohlräume zwischen den einzelnen Körnern ganz ausgefüllt sind, so ist auch der Duchtritt von Wasser unmöglich gemacht und damit eine völlige Dichtung des Ufers erzielt.

Die Schwierigkeiten, diese Überlegungen in die Praxis zu übertragen, liegen in der Eigenart der Baustoffe und in der Ausführung. Bei allen Verbindungen von Körpern mit Hilfe eines Klebestoffes hängt die Güte der Bindung auch von der Haftfähigkeit der Oberfläche dieser Körper ab. Durch jede Verunreinigung wird die Haftfähigkeit verringert, ferner sind rauhe Flächen besser geeignet als glatte. Weiter wirkt sich eine möglichst dünne Schicht Bindemittel zwischen den Klebeflächen günstig auf die Festigkeit aus, und nicht zuletzt ist der Druck, unter dem die Verbindung zustande kommt, von Bedeutung. Auch beim Bau moderner Straßendecken spielen diese Faktoren eine ausschlaggebende Rolle, handelt es sich doch um eine Verklebung sehr zahlreicher Gesteinsflächen durch Asphalt oder Teer. Dabei sind die Beanspruchungen solcher Oberflächenschichten sehr erheblich. Durch in Ruhe befindliche Lastkraftwagen können bei Luftbereifung Belastungen von 12 bis 16 kg/cm² auftreten, bei Vollgummibereifung solche von 28 bis 30 kg/cm² und mehr. Diese Kräfte werden durch die Stöße bei der Fahrt um ein Vielfaches erhöht, wozu noch die Schubbeanspruchungen bei Beschleunigung und Verzögerung kommen. Hieraus ist ersichtlich, daß beim Bau von Fahrbahnen größte Sorgfalt auf eine sichere Verbindung verwendet werden muß. Man erzielt die verlangte Festigkeit der Decken dadurch, daß man fast ausschließlich gebrochenes Hartgestein verarbeitet. Die Bruchflächen schichten sich satt aneinander, ihre Rauhigkeit läßt das Bindemittel gut haften, und auch die Bedingung größter Sauberkeit kann bei gebrochenem Gestein gewährleistet werden. Anderseits ist dadurch die unmittelbare Verwendung des an Ort und Stelle anstehenden Baugrundes — soweit es überhaupt Gesteinsboden ist — vielfach ausgeschlossen.

---

[1]) Es ist bei diesen Ausführungen hauptsächlich an die wassergebundenen Schotterlandstraßen gedacht. Bekanntlich ist die Einführung des Asphalts in Städtestraßen wesentlich älter und vor allem auf den Vorzug der Geräuschlosigkeit von Asphaltbelägen zurückzuführen.

Die durch die Eigenart der Bindemittel und der Bauverfahren bedingten Ansprüche an die Beschaffenheit des Gesteins bleiben natürlich auch beim Wasserbau maßgebend. Jedoch ist nicht die hohe Festigkeit wie auf der Straße erforderlich, da die Belastung im allgemeinen wesentlich geringer ist. Würden doch Belastungen von 30 kg/cm² Wassertiefen von 300 m entsprechen. Verbindungen mit nicht gebrochenem Gestein, sofern es genügend sauber ist, dürften daher im allgemeinen genügen. Versuche mit gebaggertem Rheinkies z. B. haben eine hinreichend erscheinende Haftfähigkeit ergeben[1]). Die Möglichkeit, das anstehende Material unmittelbar zu verwenden, erweitert sich dadurch im Wasserbau wesentlich. Der Bauvorgang müßte sich in solchen Fällen dann entsprechend dem im Straßenbau gelegentlich verwendeten Bodenmischverfahren abspielen[2]).

Wenn bei Wasserbauten genügend reines Gestein an der Baustelle selbst nicht gefunden wird, muß es gewaschen und meist noch sortiert werden. In solchen Fällen wird abzuschätzen sein, ob nicht fremdes Gestein zu verwenden ist.

Bei den im folgenden besprochenen Versuchen konnte in keinem Fall das an den Arbeitsstellen anstehende Gestein verwendet werden, da es zu stark durch Lehm verunreinigt war.

Bild 1. Bodenmischverfahren beim Bau einer Straße in den Vereinigten Staaten von Amerika.

Die erste Versuchsgruppe (Herbst 1929).

Vorbereitungen.

Von umfangreichen Vorarbeiten und besonderen Voruntersuchungen wurde bei der ersten Versuchsgruppe ganz abgesehen, da der Versuchsbeginn in den Herbst fiel und noch vor Eintritt der kalten Jahreszeit eine Probestrecke fertiggestellt werden sollte, um die wertvollen Beobachtungen eines Winters nicht zu verlieren. Der Versuch sollte hauptsächlich dazu dienen, festzustellen,

[1]) Entnahme des Probekieses bei Waldshut (Oberrhein) und bei Düsseldorf.
[2]) Straßen nach dem Bodenmischverfahren wurden in den Vereinigten Staaten von Amerika und in afrikanischen Ländern ausgeführt. Bei diesem Verfahren kann in günstigen Fällen der Baugrund unmittelbar zum Straßenkörper umgestaltet werden. Der Boden wird mit Pflügen aufgebrochen, in die Furchen wird sehr dünnflüssiger Asphalt gegossen, der dann mit Scheibeneggen kräftig mit dem Boden vermengt wird (Bild 1). Die Oberfläche wird hierauf profiliert und festgewaltet bzw. festgefahren. In größerem Umfang dürfte dieses Verfahren nur in heißen Ländern ausgeführt werden können. (Vgl. auch „Der Bauingenieur", Jahrg. 1932, Heft 3/4, S. 59.)

ob eine Teer- oder Asphaltdecke ohne zu große Schwierigkeit aufzubringen war und wie sie sich unter Wasser hielt. Da es sich um einen ersten Versuch handelte, sollte zunächst die billigste Bauweise — das Oberflächenverfahren — erprobt werden, obgleich man sich bewußt war, daß dieses Verfahren wahrscheinlich nicht den gleichen Erfolg bringen würde wie im Straßenbau.

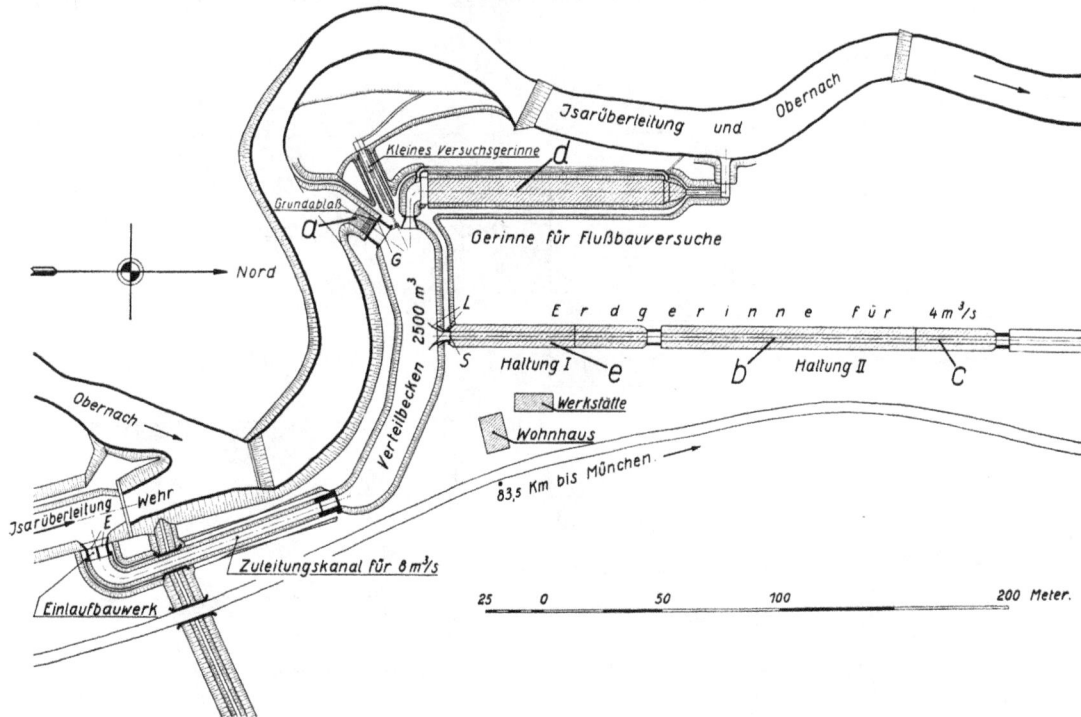

Bild 2. Lageplan des südlichen Teils der Versuchsanlage in Obernach am Walchensee mit den ausgekleideten Kanälen.

Dabei wurde auch auf die Wahl des Bindemittels und die Verwendung hochwertiger Gesteinsstoffe kein besonderes Gewicht gelegt. Die Bedingungen, unter denen sich die Decke bewähren sollte, wurden möglichst ungünstig gewählt. In der erst kurz vor Aufnahme des Versuches fertiggestellten und dem Betrieb übergebenen Anlage in Obernach hatte das Öffnen des Grundablasses aus dem Verteilbecken in den Ablaufkanal (a in Bild 2) nach kurzer Zeit einen Kolk von etwa 70 cm Tiefe hervorgerufen. Gleichzeitig war auch auf die ganze Breite des anschließenden Übereichs eine Kolkbildung im Ablaufkanal zu beobachten. Die Sicherung dieser Stelle wurde für den ersten Versuch ausersehen (a in Bild 2, Bild 3 und a in Bild 4).

Der Baugrund der ganzen Versuchsanlage besteht aus stark lehmhaltigem Kies, dessen Zusammensetzung erheblich schwankt. Zwischen teilweise sehr feinem Sand und Kies von mittlerem Korn sind häufig große Steine eingebettet. Der erwähnte Kolk hinter dem Grundablaß war mit solchem Material (Steinen, lehmhaltigem Kies) wieder aufgefüllt worden. Da diese Unterlage zunächst für das Aufbringen einer Versuchsdecke wenig geeignet war, wurde sie gestampft, wodurch auch ein nachträgliches Setzen möglichst verhütet werden sollte.

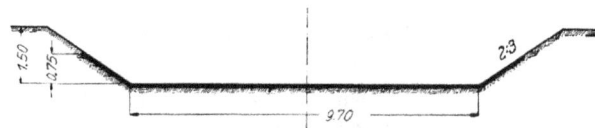

Bild 3. Erste Versuchsgruppe: Querschnitt durch das Leerlaufgerinne (vgl. a in Lageplan Bild 2).

Schwierig war der Anschluß der beweglichen Decke an die starre Betonkonstruktion und an das Mauerwerk zu lösen. Da durch die Bindung der aufgestreuten Steine mit Teer oder Asphalt nur eine schwache Haut entsteht, die sich kaum mit der Unterlage verbindet, so liegt eine solche Decke ähnlich wie eine Matte nur lose auf. Es war deshalb auch zu befürchten, daß der ganze Belag bei einer Zerstörung der Stoßstelle (Anschluß an das Mauerwerk) aufgerollt würde. Um dies zu verhindern, war beabsichtigt, einen Teil des Anschlusses durch Überdecken mit einem Brett (c in Bild 4) zu schützen, während der übrige Teil durch ein eingezogenes Drahtnetz geschützt werden sollte.

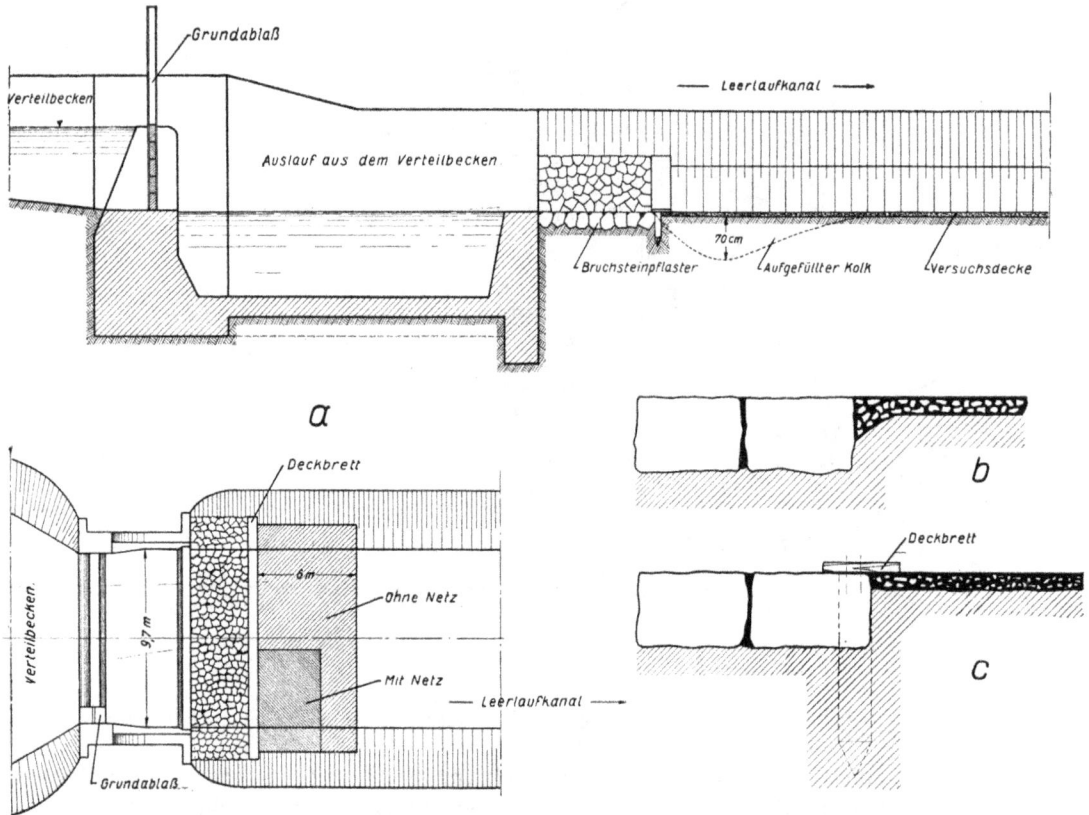

Bild 4. Versuchsfläche hinter dem Auslauf aus dem Verteilbecken, a Grundriß, b und c Schnitte durch den Deckenanschluß.

Das Drahtnetz sollte dabei auf die Sohle gelegt und auf ebenerdig eingeschlagenen Pflöcken verankert werden. An der Stoßstelle sollte das Netz und damit auch die Decke schräg nach abwärts in einen Graben gezogen werden (b in Bild 4). Der Graben sollte nachher mit Gestein und Bindemittel wieder aufgefüllt werden.

Es kann vorweggenommen werden, daß der Versuch mit der Drahteinlage scheiterte. Die Anforderungen, die an ein Drahtnetz, das zur Befestigung einer bituminösen Decke dienen soll, gestellt werden, sind zweierlei Art: Das Netz soll einerseits genügend weitmaschig sein, um die Bildung einer zusammenhängenden, einheitlichen Decke möglichst wenig zu behindern, anderseits soll der Draht sehr weich sein, damit er den Bewegungen der sich beim Einwalzen formenden Decke folgen kann. Ein diesen beiden Grundsätzen entsprechendes Netz stand seinerzeit nicht zur Verfügung.

Versuchsdurchführung.

Mitte September 1929 wurde, durch gutes Wetter begünstigt, der erste Probeeinbau begonnen. Als Bindemittel war Straßenteer (Wetterteer), wie er für Arbeiten an einer in der Nähe gelegenen Staatsstraße vorgesehen war, verfügbar. Dieser Teer, auf 110 bis 120° erhitzt, wurde mit Kannen (Bild 5) auf die Unterlage ausgegossen. Darauf wurde sofort eine Schicht „Riesel" (Bachkiesel) in Korngrößen von 5 bis 15 mm gestreut, die dann unter dem Druck und der Bewegung einer Hand-

walze mit dem Bindemittel vermengt wurden. Aus Bild 5 ist auch das erwähnte Drahtnetz ersichtlich, das in die Decke eingefügt werden sollte. Wie erwähnt, war es nicht möglich, die Decke
um das Netz herum einwandfrei entstehen zu lassen. Zunächst war das Netz zwischen den Rieseln
gut eingebettet, und der Versuch schien zu gelingen; durch das Überwalzen aber änderte sich das
Bild völlig. Nach wenigen Walzgängen mit der verhältnismäßig leichten Walze (rd. 500 kg Gewicht)
war das Netz überall an die Oberfläche gedrückt und konnte nicht mehr in die Decke hineingepreßt
werden. Dabei wurde folgende Erscheinung beobachtet, die für den Einbau von Drahtnetzen,
weiterhin aber auch von Geweben u. dgl. allgemein beachtenswert erscheint: Auf dem nachgiebigen
Baugrund sinkt die Walze durch ihr Gewicht an der Berührungsstelle ein und preßt die Decke samt
dem Geflecht ineinander. Dabei tritt zweifellos das gewünschte Ineinanderlagern von Decke und
Netz ein. Bei Bewegung der Walze aber hebt sich der jeweils entlastete Boden, während gleichzeitig
benachbarte Bodenteile niedergedrückt werden. Für Decken ohne Netz sind diese Bewegungsvorgänge innerhalb gewisser Grenzen erwünscht, weil sie die einzelnen Körner in die jeweils gün-

Bild 5. Einbau der Versuchsdecke. Im Vordergrund das
ausgelegte Drahtnetz.

Bild 6. Abwalzen der Versuchsdecke.

stigste Lage schichten und die erwünschte Vermengung mit dem Bindemittel zustande bringen. Die
Wirkung bei der Verwendung von Drahtgeflechten ist jedoch gegenteilig; da sich das Netz praktisch nicht dehnt, wird es beim Walzen förmlich aus der Decke gezogen oder doch wenigstens un-
zulässig gelockert. Bei nachgiebigem Untergrund trifft dies zweifellos auch bei geeigneteren Netzen
zu als denen, die verfügbar waren[1]).

Die hauptsächliche Ursache der Schwierigkeit liegt, wie schon angedeutet, in der Nachgiebigkeit des Bodens. Es scheint gut möglich, in eine teer- oder asphaltgebundene Schicht, die auf Betonunterlage oder auf einer gut gewalzten Makadamstraße liegt, ein Netz oder eine Gewebeeinlage
einzubringen, wie das auch hin und wieder geschieht[2]). Auf nachgiebigem Untergrund dagegen war

[1]) Um Asphaltschichten, die zur Dichtung von Staumauern dienen sollen, eine gewisse Zugfestigkeit
zu verleihen, wird hin und wieder die Einlage eines Geflechtes für richtig gehalten (vgl. Bericht zum XV. Internationalen Schiffahrtskongreß, I. Abteilung, Frage 1, von Angelo Rampazzi). Hierbei ist jedoch wohl zu beachten, daß die Eigenschaften des Asphaltes durch die mehr oder minder starren Netze auch in solchen Fällen
beeinträchtigt werden.

[2]) Vgl. Walter Drück: Straßendecken mit Gewebeeinlagen, „Die Verkehrstechnik", Jahrg. 1931, Heft 38,
S. 161.

es nicht möglich. Man glaubte zwar, daß durch wiederholtes Walzen der Untergrund genügend Festigkeit erhalten habe und daß auch die erkaltete Decke eine gewisse Eigenfestigkeit besäße, um den Walzdruck besser zu verteilen. Man durfte deshalb hoffen, durch wiederholte Behandlung den Einbau eines Netzes doch noch zu ermöglichen. Auf die Decke, an deren Oberfläche das Netz leicht eingedrückt war, wurden wiederum Teer und Riesel gebracht; nach einigen Walzgängen waren jedoch die alten Erscheinungen zu beobachten. Das Netz stieg an die Oberfläche und mußte schließlich, um wenigstens den Bestand der Schutzschicht nicht zu gefährden, entfernt werden. Es konnte also trotz der bei der zweiten Behandlung weitaus geringeren Bewegungen des Untergrundes das gewünschte Ergebnis nicht erreicht werden, wodurch bestätigt ist, daß der Untergrund völlig unnachgiebig sein muß. Selbst in diesem Falle scheint aber der Einbau von Drahtnetzen nur dann zweckmäßig, wenn die Decke eine beträchtliche Stärke erhält.

Was die Deckenstärke betrifft, so fiel die zweite Schicht erheblich stärker aus als die erste, weil eben der Einbau des Netzes ermöglicht werden sollte. Für die erste Lage waren 1,5 bis 1,8 kg/m² Teer verwendet worden; für die zweite Lage ungefähr die doppelte Menge, nämlich 3,5 kg/m². Dadurch hatte die Decke allerdings den Charakter einer reinen Oberflächenbehandlung verloren, da eine immerhin einige Zentimeter starke Teer-Gesteinsschicht entstanden war.

Für die Behandlung der weiteren Fläche (a in Bild 4) wurden dann keine Netze mehr vorgesehen, so daß sich die Arbeiten glatt abwickelten; der Boden wurde planiert und vorgewalzt, dann wurden rd. 2 kg/m² Teer aufgegossen, mit Riesel abgedeckt und eingewalzt (Bild 6). Wie im Straßenbau allgemein üblich[1]), wurde diese Behandlung mit einer Bindemittelmenge von rd. 1 kg/m² wiederholt. Zur Sicherung wurde die Stoßstelle mit einem Brett überdeckt, eine Maßnahme, die wegen des Mißlingens des Einbaus der Drahtnetze längs der ganzen Breite gleichmäßig durchgeführt werden mußte.

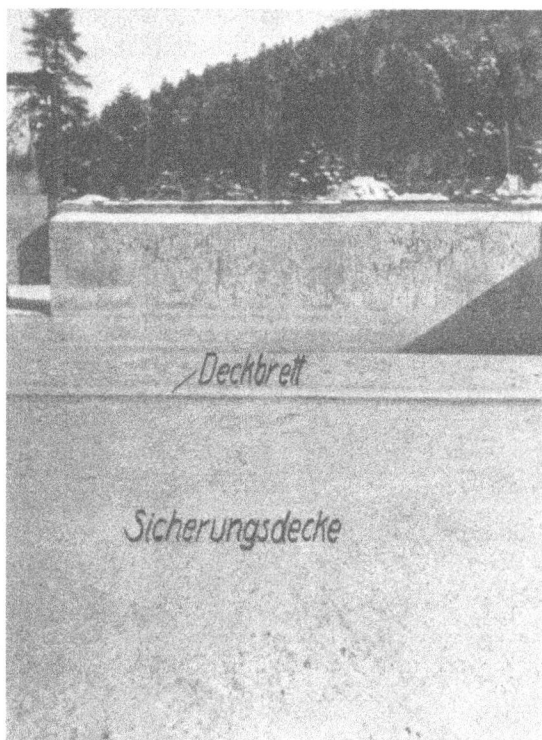

Bild 7. Die Sicherungsdecke hinter dem Absturz aus dem Verteilbecken, gegen Übereich und Grundablaß gesehen. (Aufnahme 1932 nach 2¹/₂ jährigem Betrieb.)

Der Versuch wäre unvollständig gewesen, wenn nicht auch ein Teil der seitlichen Böschungen des Kanals mit behandelt worden wäre; gerade bei geneigten Flächen waren ja die Unsicherheiten am größten. Die vorhandenen Böschungen waren zwar ziemlich steil (2:3), und der Umstand, daß sie teilweise vom Wasser angegriffen waren und nachträglich ausgebessert werden mußten, erhöhte die Schwierigkeiten wesentlich, weil das Füllmaterial auch durch starkes Stampfen nicht festgelagert werden konnte.

Von großem Interesse war die Frage, ob das erhitzte, also dünnflüssige Bindemittel von den Böschungen nicht vollständig abfließen würde. Es zeigte sich jedoch, daß dies nicht der Fall war. Der größte Teil des Bindemittels hielt sich gut an der Schräge, es floß eine nur unbeträchtliche

---

[1]) Eine völlige Übereinstimmung mit dem Straßenbau ist insofern nicht erreicht, als die zweite Behandlung unmittelbar nach der ersten erfolgte, während auf Straßen dagegen meist erst nach einem Jahr nachbehandelt wird. Eine sofortige Zweitbehandlung läßt sich aber im Wasserbau nicht vermeiden, da die Unregelmäßigkeiten des Untergrundes die Bildung einer Decke in einem Arbeitsgang schwerlich zulassen.

Menge ab. Auch dieser abfließende Teil des Bindemittels konnte durch rasches Anwerfen von Rieseln zum Stillstand gebracht werden. Mit einfachen Handstampfern konnte allerdings an den Böschungen nicht der zum Vermengen erforderliche Druck aufgebracht werden. Großenteils war dies auf die Nachgiebigkeit des Untergrundes zurückzuführen. Es gelang zwar, eine Decke auch an den Böschungen zu erzielen, sie konnte jedoch nicht als einwandfrei gelten. Immerhin zeigte der Versuch, daß es mit geeigneten Hilfsmitteln an nicht zu steilen Böschungen gelingen müßte, brauchbare bituminöse Decken herzustellen.

Nach Beendigung des Einbaus der Versuchsdecke wurde ihr Verhalten unter Wasser beobachtet. Es zeigte sich dabei, daß die Decke den Angriffen in jeder Weise standhielt. Selbst bei Öffnen des Grundablasses konnte die mit verhältnismäßig einfachen Mitteln hergestellte Schutzschicht nicht zerstört werden (Bild 7). Ein neuer Kolk entstand erst hinter der Sicherungsfläche, von wo aus ein Unterspülen der an ihrem Ende nicht gesicherten Teerdecke einsetzte. Zunächst bog sich die Schutzschicht an den unterspülten Stellen nach abwärts und paßte sich dem veränderten Boden an. Bei weiterschreitender Abspülung rissen sich dann Teile los. Man konnte aber einwandfrei feststellen, daß die aufgebrachte Schutzschicht in der Lage war, ein Kolkbildung unmittelbar hinter dem Bauwerk zu verhindern; der Zustand der Decke nach drei Jahren ist noch so gut, daß ihre Wirkung nicht beeinträchtigt ist[1]).

Die zweite Versuchsgruppe (1930).

Vorbereitungen.

Der erste Versuch hatte wertvolle Erkenntnisse gebracht und Grundlagen geschaffen, die es wünschenswert und notwendig erscheinen ließen, die Arbeiten weiter auszubauen. Zunächst galt es, eingehende Vergleiche zwischen Straßen- und Wasserbau anzustellen. Es war zu klären, inwieweit Übereinstimmung auf beiden Gebieten vorhanden ist und wo von den im Straßenbau üblichen Arbeitsweisen abgegangen werden mußte. Diese Aufgabe wurde dadurch erschwert, daß die Straßenbauliteratur begreiflicherweise bei der raschen Entwicklung dieses Bauzweiges vielfach Unstimmigkeiten und sogar Widersprüche in den verschiedenen Schriften erkennen läßt. Zur eindeutigen Klärung noch offener Fragen und zur Festlegung eines systematischen Versuchsprogramms wurde daher mit Straßenbaufachleuten und Chemikern Fühlung genommen.

Die Einbauverfahren[2]).

Aus der großen Zahl der im Straßenbau üblichen Verfahren waren diejenigen auszuwählen, die sich so weit umgestalten ließen, daß sie im Wasserbau Aussicht auf Erfolg haben konnten. Der im städtischen Straßenbau weitgehend verlegte Stampfasphalt schied aus, da er — abgesehen von den technischen Schwierigkeiten bei der Herstellung und beim Einbau — zu kostspielig ist.

Gußasphalt schien dagegen geeigneter zu sein. Er wird im städtischen Straßenbau viel verwendet und hat dort seine Dauerhaftigkeit erwiesen. Gehbahnbeläge aus Gußasphalt, die nicht dem hohen Verkehr wie Straßen ausgesetzt sind, daher auch nicht so frühzeitig abgenützt werden, liegen vereinzelt bereits über 50 Jahre, ohne daß sie sich wesentlich verändert haben. Gußasphalt ist vollkommen wasserdicht und sehr geschmeidig, besitzt also Eigenschaften, die für eine Verwendung im Wasserbau wichtig sind. Die Schwierigkeiten liegen hier im Einbau. Erst seit neuester Zeit sind Maschinen zum Ausbreiten dieses Stoffes bekannt[3]), während noch vor wenigen Jahren

---

[1]) In diesem Zusammenhang sind auch Beobachtungen über die Widerstandsfähigkeit von Oberflächenbehandlungen bei Hochwasserkatastrophen von Interesse. So wurden im Jahre 1927 in Sachsen und 1929 in Bayern Straßen nur durch die Oberflächenbehandlung vor der Zerstörung geschützt (vgl. Artur Speck, Dresden: Die Instandsetzung der sächsischen Staatsstraßen 1926 bis 1931, „Bitumen", Jahrg. 1932, Heft 1, und siehe das Titelbild).

[2]) Vgl. die Ausführungen auf S. 57ff. (Aufsatz Dr. C. Ziegs).

[3]) Neumann: Neuester Stand des Asphaltstraßenbaues. — Gußasphaltabgleichvorrichtung. Jahrbuch für Straßenbau 1930/31, S. 129.

manche Fachleute behaupteten, Gußasphalt könne nur von Hand verarbeitet werden. Es erschien aber aussichtslos, Gußasphalt z. B. in einem Kanal, namentlich an den Böschungen, von Hand auszubreiten. Die im heißen Zustand zähflüssige Masse wird nämlich mit Reibbrettern in einer Stärke von 25 bis 30 mm auf die Unterlage, die aus Beton oder aus gewalztem Kies bestehen kann, aufgestrichen. Sind größere Schichtstärken als die genannten erwünscht, so muß man zwei Schichten verlegen, da starke Lagen im heißen Zustand zum Entmischen neigen. Besonders schwierig schien es, die heiße Mischung während des Abkühlens an der Böschung zu halten. Diese Schwierigkeit hat sich später auch in vollem Umfang gezeigt. Jedenfalls stand fest, daß Gußasphalt für Wasserbauzwecke seiner Natur nach sehr geeignet wäre, wenn der Einbau entsprechend gestaltet werden könnte.

Während der Einbau von Decken aus Stampf- und Gußasphalt, die ganz oder wenigstens zum großen Teil aus Naturasphalten hergestellt werden, verhältnismäßig schwierig ist, verfügt man bei Verwendung von Erdölasphalten und Teeren über erprobte moderne Bauweisen, wie Oberflächenbehandlung, Tränkung und Herstellung von Mischdecken mit jeweils zahlreichen Abarten. Die einzelnen Verfahren entstanden, als die Motorisierung des Verkehrs eine rasche Befestigung aller Hauptverkehrswege forderte. Guß- und Stampfasphalt kamen ihrer ganzen Natur nach für die großen Flächen nicht in Frage, auch deshalb nicht, weil damit ein rascher Baufortschritt nicht zu erzielen war.

Das Oberflächenverfahren ist am meisten verbreitet. Bei den wassergebundenen Schotterstraßen zermahlt der Verkehr die Oberfläche und erzeugt dadurch Staub oder Schmutz. Vor der Oberflächenbehandlung muß dieser Überzug entfernt werden, und zwar so gründlich, daß der gewalzte Schotter blank liegt und die Fugen zwischen den einzelnen Steinen wenigstens einige Millimeter tief gesäubert sind. Mit Sprengmaschinen wird dann das Bindemittel aufgetragen, im Durchschnitt nicht mehr als $1,5 \, kg/m^2$ bei der ersten Behandlung und etwa 0,8 bis $1 \, kg/m^2$ bei jeder späteren Behandlung. Die besprengte Fläche wird hierauf mit gebrochenem Gestein in Körnungen von 5 bis 20 mm beworfen. Der Splitt wird dann durch eine leichte Walze angedrückt. Die weitere innige Verbindung von Gestein und Bindemittel besorgt erst der Verkehr selbst. Dieses Verfahren ist einfach und billig.

Wie liegen nun demgegenüber die Verhältnisse im Wasserbau? Zunächst fehlt die einheitliche Unterlage, die im Straßenbau von der Schotterung gebildet wird. An ihre Stelle tritt ein mehr oder minder loser Baugrund, der erst durch Walzen geebnet und etwas gefestigt werden muß. Soll das Bindemittel auch auf einem solchen Baugrund haften, so muß dieser aufbereitet werden, sofern er nicht aus sehr sauberem Kiesmaterial besteht. Dies kann bei schwacher Verunreinigung durch einfaches Abkehren der Fläche geschehen. Liegt jedoch eine völlig nichtbindende Unterlage vor (verunreinigter Kies; Lehm- und Toneinschlüsse), so muß frischer Kies aufgewalzt werden. Für eine gute Verankerung ist weiter erforderlich, daß der Boden trocken ist, was ebenfalls erschwert ist, wenn lehm- und tonhaltige Beimengungen vorhanden sind, die ein rasches Austrocknen verhindern.

.   Die Vorbedingungen für das Oberflächenverfahren, das stark von der Beschaffenheit des Untergrundes abhängig ist, können also keineswegs als günstig bezeichnet werden. Wesentlich unempfindlicher bezüglich des Zustandes des Untergrundes sind Tränkungen und Mischdecken, da diese Bauweisen völlig selbständige Schichten darstellen, während die dünne, durch die Oberflächenbehandlung entstehende Decke ohne den Zusammenhang mit dem Untergrund nicht bestehen kann. Trotzdem wurde auch das Oberflächenverfahren in das Versuchsprogramm aufgenommen.

Noch eine weitere sehr wesentlich erscheinende Frage sollte im Rahmen des Versuchsprogrammes geklärt werden, nämlich die Frage, welche Bindemittel vorzugsweise anzuwenden sind. Im Straßenbau werden zwei nach ihrer Herkunft und Zusammensetzung grundverschiedene Bindestoffe, Teere und Asphalte benützt. Der Versuch sollte entscheiden, ob für die Zwecke des Wasserbaus beide Bindemittel anwendbar sind oder ob der seinen Eigenschaften nach hochwertigere Asphalt allein in Frage kommt.

Die Bindemittel[1]).

Teere werden in Kokereien und Gasanstalten gewonnen. Die Gleichförmigkeit des Erzeugnisses scheint — abgesehen von der wechselnden Beschaffenheit der verarbeiteten Kohle — auch unter anderen Einflüssen, z. B. Bauart der Retorten, Destillationsverfahren usw., zu leiden. Für die Konsistenz bietet allerdings die Verwendung von präpariertem Teer eine gewisse Gewähr.

Bei der Wahl der Bindemittel muß äußerst sorgfältig vorgegangen werden, da die zu schützenden oder zu dichtenden Flächen größtenteils später unter Wasser liegen und deshalb unzugänglich sind. Es ist schon schwierig, etwaige Schäden unter Wasser festzustellen; noch viel schwieriger und meist mit unangenehmen Weiterungen verbunden ist die Ausbesserung selbst. Es müssen deshalb an die Dauerhaftigkeit der Stoffe hohe Ansprüche gestellt werden. Diejenigen Eigenschaften der Bindemittel, die für ihre Wahl entscheidend waren, müssen auf Jahre hinaus unverändert bleiben. Schon einfache Überlegungen ergeben, daß bei Teeren als Bindemittel besondere Vorsicht nötig ist.

Erhitzt man z. B. Teer auf 60⁰ und hält diese Temperatur 24 Stunden, so findet man ihn nachher stark verändert. So steigt z. B. der Tropf- und Brechpunkt, d. h. das Bindemittel wird härter. Temperaturen von 55 bis 60⁰ Wärme wurden bei Straßendecken schon gemessen und sind auch bei Kanalbelägen, die starker Sonnenbestrahlung ausgesetzt sind, zu erwarten. Ist eine so starke Erwärmung zeitlich auch nur auf wenige Stunden einiger Tage im Jahr beschränkt und wirkt sie sich auch nicht so ungünstig aus wie bei Teerprüfungen im Laboratorium, da der Untergrund in der Natur Wärme abführt, so muß doch mit einem, wenn auch langsamen Verspröden gerechnet werden. Dieser Gefahr sind bei Wasserbauten die Flächen, die ständig oder vorübergehend über der Wasserlinie liegen, ausgesetzt. Die ständig benetzten Flächen sind nicht gefährdet, da sich die Temperatur nur mit der in engen Grenzen schwankenden Wassertemperatur ändert[2]). Es wurde übrigens auch festgestellt, daß an Luft gelagerte Teersande gegenüber den im Wasser gelagerten stark versprödeten.

Außerdem spielt der „knetbare Zustand" des Bindemittels für die Bedürfnisse des Wasserbaus eine noch weit wichtigere Rolle als im Straßenbau. Die zu dichtenden, vor allem aber die zu sichernden Flächen sind meist mehr oder minder geneigt. Gewöhnlich liegen Teile der Böschungen trocken und sind wegen ihrer Neigung unter Umständen der Sonnenbestrahlung noch mehr ausgesetzt als Straßen. In Anlehnung an Messungen auf Straßen muß mit einem Schwankungsbereich der Temperatur von normal 70⁰ gerechnet werden. Das Bindemittel soll in diesem Temperaturbereich möglichst unverändert bleiben, d. h. es darf bei starker Sonnenbestrahlung nicht so dünnflüssig werden, daß es an Böschungen abläuft, anderseits darf es aber auch bei tiefen Temperaturen im Winter seine vorzüglichste Eigenschaft — die Beweglichkeit und Elastizität[3]) — nicht verlieren. Bewegungen, die in geringen Grenzen in jedem Erdbauwerk vorkommen, muß der Dichtungsbelag bei jeder Temperatur folgen können ohne zu reißen. Eine Prüfung ergibt nun, daß Teer dieser Spanne von 70⁰ nicht standhält[4]). Der mittlere Abstand zwischen Brechpunkt und Erweichungs- oder Tropfpunkt beträgt etwa 45⁰, ist also um 25⁰ geringer als erforderlich. Es muß daher damit gerechnet werden, daß das Bindemittel entweder im Winter fest wird, wenn es dünnflüssig eingestellt ist, oder aber im Sommer abläuft, wenn es zähflüssig gewählt wird.

---

[1]) E. Neumann: Neuzeitlicher Straßenbau.

[2]) Die Temperaturschwankungen des Wassers während eines Jahres betragen z. B.

   an der Isar (Versuchsanlage) rd. 11,5⁰,
   am Rhein (Koblenz)   „   22,0⁰.

[3]) Es ist schwierig, für die Eigenschaft von Teer- und Asphaltdecken, sich kleinen Veränderungen des Untergrundes ohne Risse zu bilden anzuschmiegen, eine einheitliche, treffende Bezeichnung zu finden. Ausdrücke wie Elastizität, Plastizität, Beweglichkeit, Anpassungsvermögen usw. können alle nicht voll befriedigen, werden aber in Ermangelung einer besseren Ausdrucksweise im folgenden häufig gebraucht.

[4]) Siehe z. B. E. Neumann: „Neuzeitlicher Straßenbau", S. 141, Zusammenstellung 30.

Bei Verwendung von Teer als Bindemittel bei Wasserbauten ist auch stets zu beachten, daß er frei von wasserlöslichen Phenolen sein muß, da sonst die Fischzucht gefährdet wird[1]). Nach diesen Überlegungen haften der Verwendung von Teer als Bindemittel starke Nachteile an. Weit eher als Teer wird Asphalt als Bindestoff den Ansprüchen des Wasserbaus gerecht. Die stofflichen Veränderungen bei hohen Temperaturen und beim Lagern an Luft sind bei Asphalt erheblich geringer als bei den Teeren, im allgemeinen sogar so gering, daß sie unbeachtet bleiben können. Asphalt enthält auch keinerlei im Wasser lösliche Stoffe und besitzt eine Spanne des knetbaren Zustandes von ungefähr 75 bis 80°. Deshalb scheint sich Asphalt für die vorliegenden Zwecke besonders zu eignen.

Es wurde schon darauf hingewiesen, daß die Feuchtigkeit das Arbeiten mit Teeren und Asphalten — insbesondere beim Oberflächenverfahren — etwas behindert. Als gegen Nässe unempfindliche Bindemittel werden Teer- und Asphalt-Emulsionen hergestellt. Die Anschauungen über ihre Güte und Verwendbarkeit gehen gegenwärtig noch stark auseinander. Falls emulgierte Bindemittel die gleichen endgültigen Eigenschaften aufweisen würden wie nicht emulgierte, wären sie jedenfalls wegen ihrer vorteilhafteren Verarbeitungsmöglichkeit vorzuziehen. Der Versuch sollte auch hierüber Klarheit bringen.

Asphalt schien für die Versuche den ganzen bisherigen Darlegungen nach brauchbarer als Teer. Trotzdem sollte auch Teer erprobt werden, insbesondere, um die hinreichend bekannte Brauchbarkeit von Teeren auf der Straße bei Erstbehandlungen im Oberflächenverfahren auch für Zwecke des Kanalbaues zu prüfen. Beide Bindemittel wie auch ihre Emulsionen sollten in gleicher Weise untersucht werden. Die Bindemittel und Zuschlagsstoffe mußten deshalb auch nach einem einheitlichen Verfahren verarbeitet werden.

'   Zunächst sollte also das Oberflächenverfahren auf einer entsprechend großen Versuchsfläche untersucht werden. Dagegen sollte der Einbau schwerer Beläge nach den Tränk- und Mischverfahren, obgleich hier von vornherein bessere Ergebnisse erwartet werden durften, in der zweiten Versuchsgruppe nur auf einer kleinen Versuchsfläche erprobt werden.

Der Einbau von Tränkdecken bietet keinerlei besondere Schwierigkeiten, da er mit denselben einfachen Mitteln wie die Oberflächenbehandlung durchgeführt werden kann. Dagegen sind Mischdecken schwieriger herzustellen. Für das Mischen sind verhältnismäßig große Maschinen nötig, deren Aufstellung für eine kleine Versuchsfläche nicht zu rechtfertigen gewesen wäre. Durch die Verwendung von Gußasphalt bot sich hier ein einigermaßen günstiger Ausweg. Gußasphalt kann in einfachen Kochern aufbereitet werden und kommt in seinem Aufbau den Mischdecken so nahe, daß er diesen für eine vorläufige Prüfung ungefähr gleichgesetzt werden konnte. Seine Nachteile, z. B. das Fließen in erhitztem Zustand, die Aufbringung von Hand usw., waren bei Abdecken einer kleinen Fläche tragbar.

Auf Grund all dieser Überlegungen wurde ein Versuchsprogramm entwickelt, das zu den im folgenden beschriebenen Arbeiten führte.

Versuchsdurchführung.

Von den auf dem Gelände der Versuchsanlage befindlichen Kanälen schien die Haltung II des Erdkanals (*b* und *c* in Bild 2) aus verschiedenen Gründen für die Versuche am geeignetsten. Bei einer Länge von 130 m, einer mittleren Sohlenbreite von 3 m und einem gesamten abzudeckenden Innenumfang von rd. 8 m ergab sich eine Versuchsfläche von rd. 1050 m². Die Höhe der Bö-

---

[1]) Nach einem Gutachten der Biologischen Versuchsanstalt für Fischerei, München, und nach Literaturangaben wird durch Phenole — selbst in geringster Konzentration — der Geschmack des Fleisches der Fische verdorben, bei steigender Konzentration wandern die Fische erfahrungsgemäß ab. Ist dies nicht möglich, so gehen sie ein. Auch bei Straßenteerungen sind — wie aus einigen Fällen bekannt ist — Gefahren für die Fischzucht gegeben, wenn nach ergiebigen Regenfällen das von der Straßendecke gelöste Phenol (Phenolgehalt des Teers im Straßenbau nach den Lieferungsvorschriften bis 3% zulässig) in Fischwasser gelangt.

schungsauskleidung sollte 1,1 m, in lotrechter Richtung gemessen, betragen. Nach *a* in Bild 8 sollte die Decke oben mit einer Rundung ein kurzes Stück in den Damm eingeführt werden, damit das Tagwasser nicht unmittelbar hinter die Decke dringen kann und das Ende des Belages auch gegen Zerstörungen hinreichend geschützt ist (vgl. auch Bild 17).

Um die ausgekleidete Fläche unter den im Wasserbau herrschenden Verhältnissen beobachten zu können, mußte der Wasserspiegel später auf annähernd gleicher Höhe gehalten werden. Da jedoch der Erdkanal ein Teil des Zubringers für ein großes Betongerinne der Versuchsanstalt ist, schwankt die Wasserführung je nach dem Wasserbedarf im Betongerinne. Um trotzdem im Erdkanal eine möglichst gleichbleibende Wassertiefe halten zu können, wurde eine regelbare Stauwand eingebaut. Daß dadurch bei geringeren Wassermengen die Fließgeschwindigkeit verringert wurde, war nicht von Bedeutung, da zunächst nicht die Erprobung der Widerstandsfähigkeit gegen den Angriff schnell fließenden Wassers das Hauptziel der gestellten Aufgabe war.

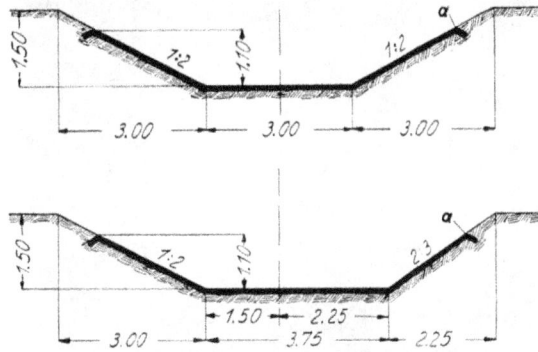

Bild 8. Zweite Versuchsgruppe: Querschnitt durch das Erdgerinne (Haltung II) mit verschieden geneigter rechtsseitiger Böschung (vgl. *b* und *c* in Lageplan Bild 2).

Die Neigung der Kanalwände betrug 1:2. Da in der Praxis auch steilere Böschungen vorkommen, wurden auf der rechten Kanalseite die ersten 50 lfd. m der Kanalwand auf eine Neigung 2:3 umgebaut (Bild 8). Noch steilere Böschungen sind im allgemeinen nicht zweckmäßig und werden, wo nicht außergewöhnliche Verhältnisse vorliegen, kaum angewendet werden[1]).

[1]) Vgl. S. Kurzmann: Die Betonauskleidung der Werkkanäle, „Wasserkraftjahrbuch 1924", S. 319.

Bild 9. Abwalzen des Untergrundes.

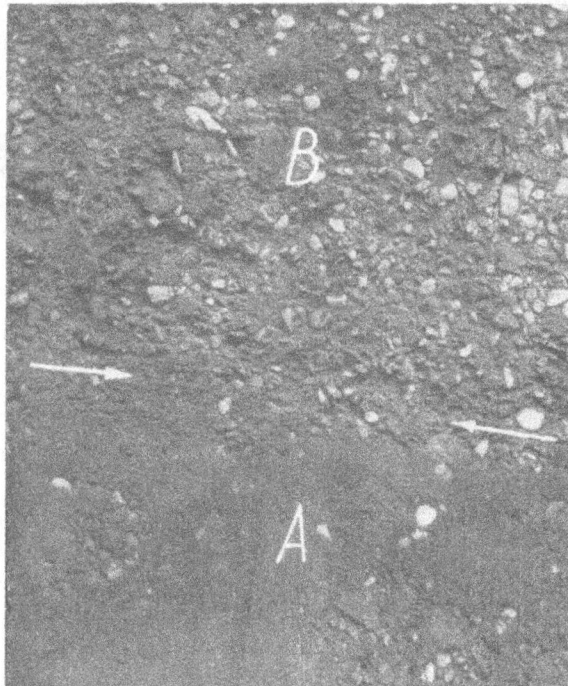

Bild 10. Vorgewalzte Fläche — *A* ungereinigt, *B* gereinigt.

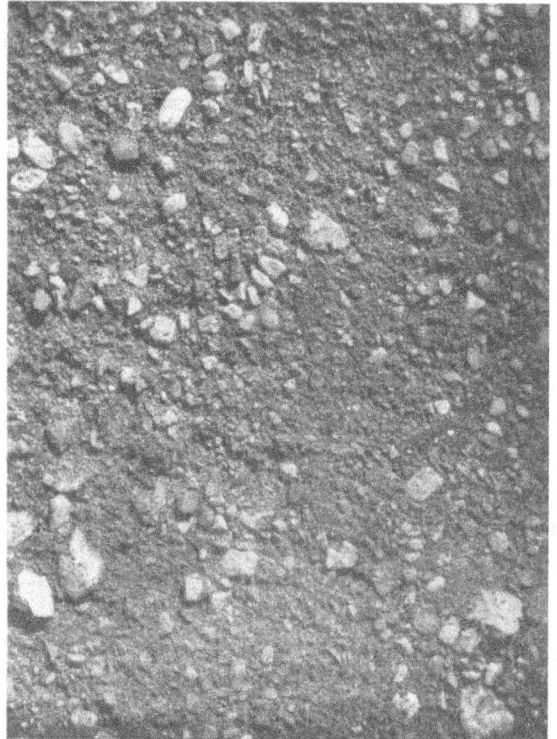

Bild 11.   Bild 12.
Grobkies in geringer Menge auf stark lehmhaltigen Kies aufgewalzt.

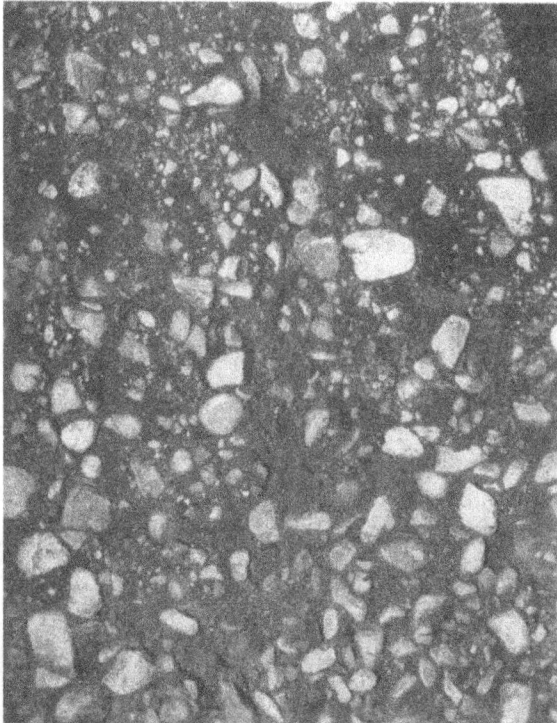

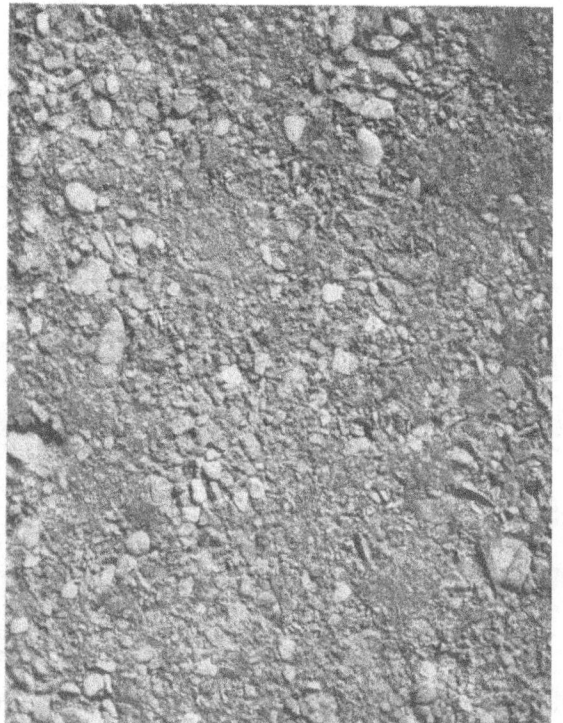

Bild 13. Grobkies auf Lehm aufgewalzt.   Bild 14. Lehmhaltiger Kies, gewalzt.

Etwa $^1/_{10}$ der Natur.

Als Klebestoffe wurden folgende handelsüblichen Teere und Asphalte benützt:

Teer in einer Mischung von Anthrazenöl: Pech 30:70

„ „ „   „   „   „   „   40:60

„ „ „   „   „   „   „   50:50

Asphalte mit einem Tropfpunkt von 30⁰ bis 40⁰

„   „   „   „   „   50⁰ bis 60⁰.

Die Zähflüssigkeit des Teeres ändert sich mit der ihm beigemischten Menge Anthrazenöl. Die drei gewählten Sorten waren also in dieser Beziehung stark verschieden. Auch bei Asphalt wurde stark unterschiedliche Zähigkeit gewählt. Aus den gleichen Ausgangsstoffen sollten auch die Emulsionen hergestellt werden.

Als Zuschlagmaterial diente Splitt in Körnung 10/15 mm, ferner Sand bis 3 mm und Schotter aus nahe gelegenen Steinbrüchen mit 50 bis 70 mm Körnung. Weiter wurden aus Kies, der aus dem Walchensee gewonnen war, Riesel in Größen von 5 bis 18 mm ausgesiebt.

Bild 15. Die Böschungswalze.

Die Arbeiten begannen Mitte Juli 1930. Der Kanal war bis dahin ein Jahr in Betrieb. Das Profil war daher an vielen Stellen etwas angegriffen und mußte vor Beginn der Versuche wieder auf die ursprüngliche plangemäße Form gebracht werden. Da dies mit Aushubmaterial, das vom Bau her überschüssig war, erfolgte, wurde das Kanalbett, das durch den einjährigen Wasserdurchfluß von lehmigen Bestandteilen weitgehend gesäubert worden war, wieder stark verunreinigt. Der Boden mußte deshalb von neuem gereinigt werden. Zu diesem Zweck wurde er zuerst durch Einwalzen befestigt. Hierauf wurden die lehmigen Bestandteile so gut als möglich entfernt, indem die gröberen Teile mit Stahlbesen abgekehrt und die feinsten Körner nachher mit Staubbesen beseitigt wurden. Das Aussehen der Oberfläche im ursprünglichen Zustand zeigt Bild 9 A, nach dem Walzen Bild 10 A und nach dem Kehren Bild 10 B. Es lag in dem Aufbau des Geländes, daß Lehmschichten in Stärken von 25 bis 30 cm im Einschnitt an den Kanalwänden zutage traten. Zunächst war beabsichtigt, diese Nester und Schichten bis zu einer Tiefe von etwa 20 cm auszustechen und durch reines Kiesmaterial zu ersetzen; doch führte dies zu keinem befriedigenden Ergebnis. Die Gesamtfläche wurde nämlich dadurch so stark verändert, daß die Vorbedingungen für eine gleichförmige Deckenschicht nicht mehr gegeben waren. Deshalb wurden die Lehmschichten nicht ausgestochen, sondern nur mit Kies in einer Schicht von etwa 5 cm Stärke überwalzt. Körner unter 18 mm Größe

Tafel I. **Versuchsdecken**

Bezeichnung			Oberflächenbehand-		
Feld Nr.	1	2	3	4	5
Länge des Feldes in m	6,40	9,80	10,00	9,50	6,80
Fläche des Feldes in m²	51,20	78,40	80,00	76,00	54,40
Beschaffenheit des Untergrundes	trocken	feucht	feucht	feucht	feucht
Tag des Einbaues	23. 7. 30	31. 7. 30	1. 8. 30	1. 8. 30	2. 8. 30
Witterung	trüb, nachm. heiter	trüb, nachm. leichter Regen	heiter	heiter	heiter
Art des Bindemitteleinbaues	mit Gießkanne	mit Ajagwagen	mit Ajagwagen	mit Ajagwagen	mit Ajagwagen
Art des Bindemittels	Teer 30/70	Teer 40/60	Teer 30/70	Asphalt 30 : 40	Asphalt 50 : 60
Temperatur des Bindemittels	140°	145°	197°	166°	195°
Temperatur des Wassers	—	62°	62,5°	56,5°	61,5°
Bindemittelverbrauch in kg.	150	175	175	110	75
Wasserverbrauch in l	—	175	175	160	200
Bindemittelverbrauch in kg/m².	2,92	2,23	2,19	1,45	1,38
Zahl der Behandlungen.	1	2	2	2	2
Art des Steinmaterials.	grober Splitt feiner Splitt	feiner Splitt	grober Splitt feiner Splitt	grober Splitt feiner Splitt	feiner Splitt
Überzug auf der zweiten Hälfte des Feldes Nr.		2	3	4	
Art des Bindemittels		Asphalt 50 : 60	Asphalt 50 : 60	Asphalt 50 : 60	
Temperatur des Bindemittels		152°	152°	180°	
Temperatur des Wassers		63°	63°	62°	
Bindemittelverbrauch in kg.		23,5	23,5	20,0	
Wasserverbrauch in l		50	50	55	
Bindemittelverbrauch in kg/m²		0,65	0,65	0,53	
Art des Bindemitteleinbaues		mit Ajagwagen	mit Ajagwagen	mit Ajagwagen	

wurden dabei abgesiebt und nicht verwendet. Die Bilder 11, 12, 13 und 14 zeigen die ausgebesserten und gesäuberten Kanalflächen an verschiedenen Stellen, bevor das Bindemittel aufgebracht wurde.

Was das Walzen betrifft, so können ebene oder nahezu ebene Sohlen mit den leichteren Arten der im Straßenbau üblichen selbstfahrenden Walzmaschinen verfestigt werden. Bei den kleinen Abmessungen des Versuchskanals in Obernach wurden Sohle und Böschung zusammen mit einer Böschungswalze (Bild 15) verdichtet. Eine elektrische Winde zog an einem Drahtseil eine rd. 1,8 t schwere Walze. Dadurch, daß eine Leitleine seitlich am Walzenrahmen befestigt war, die beim Ablassen der Walze gehemmt werden konnte, wurde ein schräges Abwärtslaufen erzielt und damit ein beliebig regelbarer Vorschub. Die Walze hatte einen Durchmesser von 1 m und eine Breite von ebenfalls 1 m. Bei einem Vorschub von 6 cm und einer Fahrgeschwindigkeit von 18 m/min wurden die Flächen gut und zweckentsprechend gefestigt. Mit der gleichen Maschine wurden auch später die bekleideten Flächen nachgewalzt.

In Tafel 1 sind alle Versuche, die in der Zeit vom 23. 7 bis 29. 8. 1930 durchgeführt wurden, zusammengestellt und mit allem Wesentlichen erläutert.

Das Wetter war während der Versuche außergewöhnlich ungünstig, so daß der erste Einbau erst am 23. 7. 1930, d. i. 5 Wochen nach dem Beginn der Vorbereitungen, erfolgen konnte. Die Empfindlichkeit der Bindestoffe gegen Feuchtigkeit verlangsamte den Baufortschritt erheblich.

Am 23. 7. 1930 war die Kanalfläche soweit trocken, daß das Feld 1 (Tafel 1) fertiggestellt werden konnte. Der Teer wurde mit Gießkannen ausgegossen, die Fläche sofort abgesplittet und nachgewalzt. Da es mit Gießkannen nicht gelingt, das Bindemittel in der gewünschten gleichmäßigen Stärke auszubreiten und da auch das Ausgießen des heißen Materials an steilen Böschungen

1930. (Zweite Versuchsgruppe.)

lung				Gußasphalt	Riesel-Tränkdecke	Schotter-Tränkungen	
6	7	8	9	10	11	12	13
8,60	10,10	11,00	25,90	13,70	5,20	3,30	12,40
68,75	80,80	80,00	207,00	110,00	41,50	26,40	100,00
trocken	trocken	trocken	trocken	trocken	trocken	trocken	trocken
18. 8. 30	19. 8. 30	22. 8. 30	26. 8. 30	3. u. 6. 9. 30	11. 9. 30	28. 8. 30	29. 8. 30
heiter	leicht be-deckt	heiter, abends Gewitter	schön	heiter	leicht be-deckt	schön	schön
mit Spreng-wagen	mit Spreng-wagen	mit Spreng-wagen	mit Spreng-wagen	von Hand	mit Spreng-wagen	mit Gieß-kanne	mit Gieß-kanne
Asphalt 30 : 40	Asphalt 50 : 60	Teer 40/60	Teer- u.Asphalt	Gußasphalt	Teer 50/50	Teer 30/70	Teer 50/50
180°	204°	122°	138° u. 180°	180° u. 200°	100°	140°	100°
—	—	—	—	—	—	—	—
105	153	175	175 + 200	—	98	143	400
—	—	—	—	—	—	—	—
1,53	1,895	1,99	0,84 + 0,96	—	2,37	5,43	4
2	2	2	2	2	—	—	—
grober Splitt	grober Splitt	grob.Splittsand feiner Splitt, grober Splitt	grober Splitt	—	Riesel	Schotter	Schotter
feiner Splitt	feiner Splitt		Sand	—		Splitt	Splitt

Oberflächen-Behandlungen
mit Asphalt 30 bis 40.

für die Arbeiter gefährlich ist, wurde für die weiteren Felder fast ausschließlich eine Sprengmaschine mit Sprengdüse (Bild 16) verwendet.

Nun wurde die Arbeit wieder wegen ungünstiger Witterung unterbrochen. Erst am 31. 7. 1930 konnte der Einbau, wenngleich auch das Wetter keineswegs trocken war, wieder aufgenommen werden, da von jetzt ab ein „Ajagwagen" (Bild 17) verfügbar war. Auf Seite 14 ist erwähnt, daß man durch Emulgieren der Bindemittel ihre Empfindlichkeit gegen Nässe zu mildern sucht. Im allgemeinen werden solche Emulsionen in Fabriken hergestellt und gebrauchsfertig an die Baustelle versandt. Häufig findet man die Auffassung vertreten, Emulsionen nur dann anzuwenden, wenn die nicht emulgierten Bindemittel versagen. Dem trägt der Ajagwagen Rechnung: Er kann, solange die Witterung trocken ist, als gewöhnlicher Sprengwagen benutzt werden. Muß aber auf feuchtem Grund gearbeitet werden, so kann in einer eingebauten Mischdüse das Bindemittel an Ort und Stelle emulgiert werden. Zu diesem Zweck besitzt der Wagen einen zweiten Kessel, in dem Wasser, das mit einem Emulgator versetzt ist, erhitzt wird. Ausgesprengt wird demnach heiße Emulsion. Die verwendeten vier härteren Bindemittelsorten (vgl. Tafel 1, Feld 2, 3, 4 und 5) wurden nach diesem Verfahren aufgesprengt. Dabei wurden zunächst die Bindemittel aufgetragen und dann wurde abgesplittet. Nach einigen Stunden wurde dieses Verfahren wiederholt[1]. Von den Feldern, bei denen weicher eingestellte Bindemittel verwendet wurden, erhielt jedes auf der strom-abliegenden Hälfte noch einen Überzug aus zähflüssigem Asphalt, um zu beobachten, ob die harte Asphaltschicht ein etwaiges Abfließen des weichen Bindemittels verhüten kann. Bild 18 zeigt

[1] Die Arbeit mit dem Ajagwagen wurde unter Leitung eines mit dem Wagen vertrauten Ingenieurs durchgeführt.

Bild 16. Das Auftragen des Bindemittels mit einer Sprengdüse.

deutlich den Unterschied zwischen der gewöhnlichen Decke (hell) und der nicht abgesplitteten Überzugsschicht aus Asphalt (schwarz).

Weitere drei Felder mit nicht emulgierten Bindemitteln (in der Tafel als Feld 6, 7 und 8 bezeichnet) wurden Mitte August 1930 bei günstiger Witterung fertiggestellt. Diese Felder bilden zusammen mit der Decke in Feld 1 das Gegenstück zu den Emulsionsfelder (2 bis 5).

Wie schon bei den „Ajagdecken" (Emulsionsdecken), wurde auch hier nicht nur mit verschiedenen Bindemittelsorten gearbeitet, sondern es wurde auch ihre Menge je m² in weiten Grenzen geändert. Allerdings ist dadurch der Vergleich, welche der beiden Bindemittelformen (emulgiert oder nicht emulgiert) sich besser bewährte, erschwert. Obgleich z. B. Feld 1 (Teer 30/70, nicht emulgiert) und Feld 3 (Teer 30/70, emulgiert) an sich gleichen Charakter haben, so unterscheiden sie sich dadurch, daß bei Feld 1 rd. 0,7 kg/m² mehr Bindestoff aufgebracht wurde als bei Feld 3. Um alle Einflüsse einzeln zu ermitteln, hätte man noch weiter unterteilen müssen und damit eine sehr große Versuchsfläche benötigt, wobei allerdings gewisse Umstände, die das Ergebnis noch beeinflussen konnten, wie z. B. der Einfluß des wechselnden Untergrundes auf die Haltbarkeit des Belages, auch nicht hätten ausgeschaltet werden können. Aus diesen Gründen wählte man die beschriebene Anordnung. Wenn ihr auch gewisse Mängel anhaften, so lassen sich doch für die Praxis genügend zuverlässige Schlußfolgerungen ziehen.

Bei Feld 9 wurde eine sehr weich eingestellte Teersorte als Bindemittel genommen. Über die so hergestellte Decke wurde eine zweite aufgebracht, bei der Asphalt als Bindestoff diente. Dabei wurden als Zuschlagstoff außer Splitt auch Riesel in größerer Menge verwendet.

Anschließend an Feld 9 wurde in Feld 10 eine Gußasphalt-Decke auf ebenfalls vorgewalztem Untergrund aufgelegt. Von einer Reinigung, die bei allen vorher besprochenen Flächen mit großer Sorgfalt vorgenommen wurde, konnte hier abgesehen werden. Das Aufbringen auf die Sohle bot keinerlei Schwierigkeiten, an den Böschungen jedoch mußte die heiße Masse, um das Ablaufen zu verhindern, so lange gerieben und aufwärts gestrichen werden, bis sie anfing zu erstarren. Dieser Umstand sowie der Mangel

Bild 17. Abspritzen der Böschung mit Emulsion (Ajag-Verfahren).

an geschulten Arbeitern, ferner auch das Fehlen größerer Kocher waren schuld daran, daß die Gußasphaltdecke nicht das völlig stoßfreie und ebene Aussehen erhielt, das man von Asphaltstraßen her gewohnt ist.

Bei den Tränkdecken in Feld 12 und 13 wurde auf die ungewalzte Kanalfläche eine Schotterung von rd. 8 cm Stärke gebreitet und festgewalzt. Da es sich bei dem Bindemittel um große Mengen pro m² handelte, wurde es hier teilweise wieder mit Gießkannen eingebracht. Um das Ankleben der Walze beim nachherigen Verdichten der Schotterung zu verhindern, wurde diese leicht mit Splitt bestreut. Die Tränkdecken — auch die in Feld 11, wo Riesel verwendet wurde — erhielten zur Erzielung eines dichteren Abschlusses noch eine Oberflächenbehandlung, ähnlich wie sie bei den reinen Oberflächenverfahren besprochen wurde. Die Stärke der fertigen Decken beträgt rd. 6 cm.

Ergebnisse der zweiten Versuchsgruppe. (1930).

Mit dem Einbau der Tränkdecken war das für das Jahr 1930 vorgesehene Bauprogramm abgeschlossen. Es hatte sich gezeigt, daß alle technischen Schwierigkeiten zu überwinden waren und daß auch die verschiedenen Bauweisen in wirtschaftlicher Hinsicht entsprachen. Die Erfahrungen, die in der Versuchszeit gesammelt wurden, mußten nun überprüft werden, um die Folgerungen für weitere Arbeiten daraus ziehen zu können. Nach Wiederfüllung des Kanals wurden die Beläge dauernd beobachtet. Ihr Zustand wurde mehrmals bei abgesenktem Kanal untersucht; die Temperaturen an den Böschungen sowohl unter als auch über der Oberflächenschicht wurden gemessen. Auch die Lufttemperaturen, die Niederschläge und die allgemeinen Witterungsverhältnisse wurden beobachtet, um die Nebeneinflüsse festzustellen, die Änderungs- oder Zerstörungserscheinungen der Decken mitbestimmen konnten. Bild 19 zeigt die Kurven für die

Bild 18. Blick auf den Erdkanal, Haltung II. Drei von den fertiggestellten Probedecken sind mit hartem Asphalt überzogen (im Bild schwarz). Wegen Bezeichnung der Felder siehe Tafel I.

Temperatur über und unter der Decke, ferner die Lufttemperatur, die Niederschlagsmenge und den Stand des Wasserspiegels im Kanal während der Monate Dezember 1930 bis Februar 1931. Der Wasserspiegel war vom 21. 1. 1931 an einige Tage auf 12 cm Wassertiefe und nochmals am 2. 2. 1931 auf 20 cm Wassertiefe abgesenkt. Fast die ganze Böschungsfläche blieb somit während dieser Kältezeiten absichtlich dem Frost ausgesetzt. Die Beschaffenheit der Decken wurde unter dem kurzzeitigen Einfluß des Frostes nicht merkbar verändert. Dagegen zeigte sich beim Absenken des Wasserspiegels, der sonst den ganzen Winter hindurch auf einer gleichmäßigen Höhe von etwa 80 cm gehalten wurde, ganz deutlich, daß sich die unter Wasser liegenden Teile des Belages wesentlich besser gehalten hatten als die Teile, die der Luft ausgesetzt waren. Diese hatten mehr oder weniger durch den Frost gelitten, wenigstens bei den Decken, die nach dem Oberflächenverfahren hergestellt waren. Ferner wurden die härteren Bindemittel stärker beeinträchtigt als die weichen. So ist z. B. die Decke des Feldes 7 durch die Frostbewegungen des Bodens in kleine Teilflächen zerrissen. Der allerdings nur sehr schwache Belag wurde hier durch Frost zunächst an zahlreichen Stellen angehoben, was sich naturgemäß auf Decken, die mit hart eingestellten Bindemitteln hergestellt sind, viel stärker

auswirken mußte, als auf solche mit weichem Bindestoff. Feld 6, das mit weichem Asphalt hergestellt worden war, wurde deshalb auch am wenigsten durch Frost beschädigt. Das gleiche gilt
für Feld 9, das als Unterlage eine Decke mit sehr dünnflüssigem Teer erhalten hatte, auf die eine

Dezember 1930.

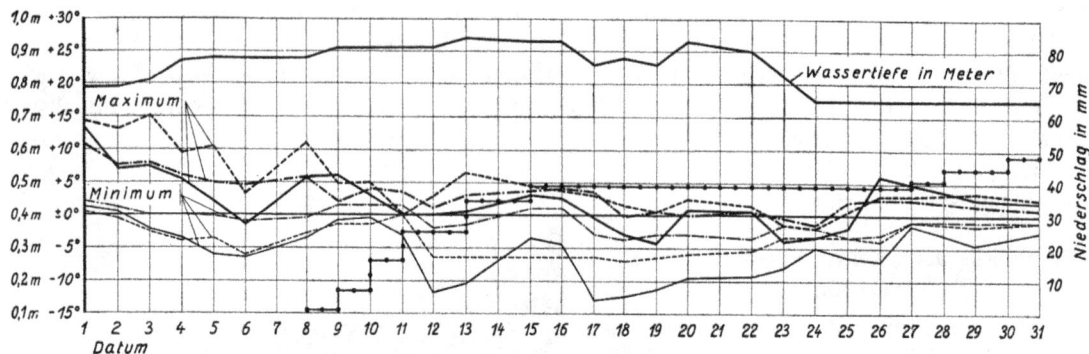

Januar 1931.

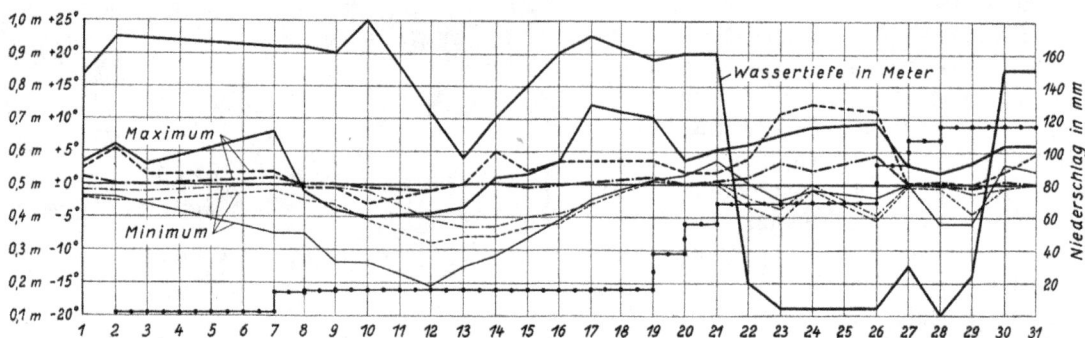

Februar 1931.

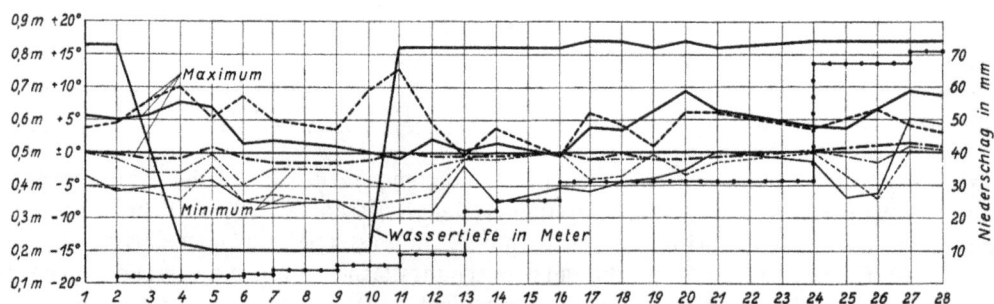

——— Lufttemperatur; ------- Böschungstemperatur; —·—Temperatur unter der Decke.
••••••• Gesamtniederschlag.

Bild 19.   Beobachtungen über Wassertiefe, Temperaturen, Niederschläge usw. nach dem Einbau der Probedecken.

neue Lage unter Verwendung von Asphalt aufgebracht worden war. Dünnflüssige Bindemittel
dringen besser in den Boden ein, vermengen sich leichter mit dem aufgestreuten Gestein und bewirken dadurch einen gleichmäßigen Belag, der im Untergrund gut verankert ist und Bodenbewe-
gungen gut folgt.

Sind mit Rücksicht auf den Frost weiche Bindemittel vorzuziehen, so zwingt anderseits die Sommertemperatur zur Verwendung härterer Bindestoffe. Bei allen nach dem Oberflächenverfahren behandelten Feldern, mit Ausnahme des Feldes 7, wurden Bewegungen unter dem Einfluß starker Sonnenbestrahlung festgestellt. Dadurch entstand ein Wulst (wie man ihn z. B. aus Bild 20 ersieht) unmittelbar über der Wasserspiegellinie, also an der Stelle, von der aus nach abwärts das kühlende Wasser wirkte. Da der Wasserspiegel im Sommer 1931 zeitweise wiederum bis auf 20 cm Wassertiefe abgesenkt worden ist, konnte ein Wulst auch an dieser tiefer gelegenen Wasserspiegellinie beobachtet werden. Verstärkt bewegte sich die Decke in den Feldern, in denen runde Zuschlagstoffe verwendet worden waren, wogegen Decken, die mit grobkörnigem, scharfkantigem Splitt hergestellt waren, viel geringere Wulstbildungen aufweisen. Allerdings hat scharfkantiger Splitt wieder den Nachteil, daß dort, wo das Bindemittel in größerer Menge aufgetragen ist, ein Teil davon dazu neigt, in Tropfenform auszulaufen. Bei Feld 1, das mit grobem Splitt hergestellt ist,

lief der Teer verschiedentlich in großen Tropfen ab (Bild 21). Eine sehr geringe, fast unmerkliche Wulstbildung zeigte sich in Feld 9, obgleich dort sehr weich eingestellter Teer verwendet worden war. Es wurde an Aufbruchproben festgesellt, daß dieser Teer verhältnismäßig tief in den Boden eingedrungen war, wodurch das Auslaufen verhütet wurde. Allerdings dürfte aber auch die auf die Teerunterlage aufgebrachte Asphaltdecke schützend gewirkt haben.

Das Aufbringen eines Überzugs lediglich durch Aufspritzen von hartem Asphalt in den Feldern 2, 3 und 4 hat seinen Zweck nicht erfüllt. Die

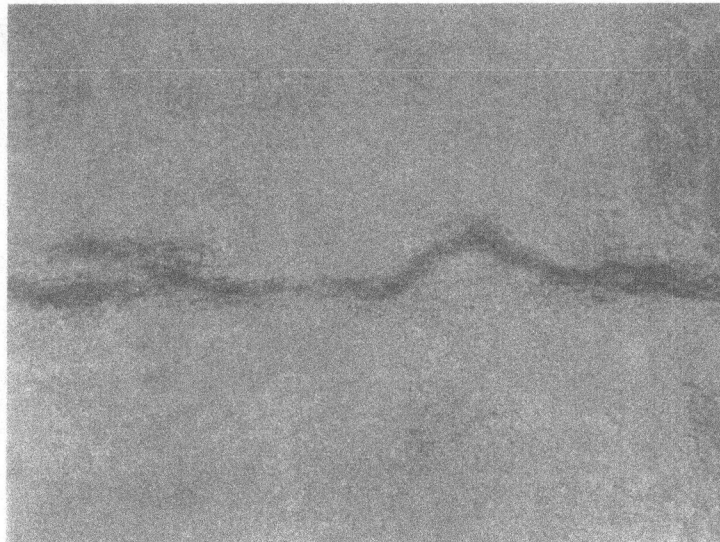

Bild 20. Wulstbildungen infolge starker Sonnenbestrahlung über der Wasserlinie. Etwa ¹/₁₀ der Natur.

dünne, hautartige Schicht wurde von der darunter liegenden Decke mitgenommen, wenn sie bei warmer Witterung in Bewegung geriet. Deshalb entstand auch in den mit Asphalt überspritzten Teilen der Felder 2, 3 und 4 ein Wulst von gleicher Größe wie in denjenigen Teilen dieser Felder, die nicht mit Asphalt überspritzt waren. Allerdings brachte die schützende Asphalthaut den Vorteil, daß das darunterliegende Bindemittel nicht tropfenförmig auslief. Die Teile der Felder 2, 3 und 4, die mit Asphalt abgespritzt waren, hatten nach längerer Betriebsdauer ein besseres Aussehen als die nicht abgespritzten Teile. Ob daraus gefolgert werden darf, daß die abgespritzten Decken widerstandsfähiger sind, ist allerdings fraglich. Eine Asphalthaut, hat insofern einen günstigen Einfluß, als sie die darunter liegende Decke mit einer Schutzschicht abschließt, anderseits dürfte sich auch die durch die Asphaltschicht bedingte Anreicherung an Bindemitteln günstig auswirken.

Allgemein kann festgestellt werden, daß Bindemittelmengen unter 2 kg/m² für den Bau einer haltbaren Decke zu gering sind. Die erheblich unter diesem Wert liegende Menge in den Feldern 5 und 6 mit 1,38 bzw. 1,53 kg/m² hat offensichtlich nicht genügt. An einzelnen Stellen waren an der Oberfläche die Körner kaum gebunden, geschweige denn eine richtige Decke zustande gekommen. Nur wenn mit sehr dünnflüssigen Bindemitteln gearbeitet wird, ist auch mit geringeren Mengen noch eine gute Decke herzustellen. Der in Feld 9 nur in einer Menge von ungefähr 0,84 kg/m² aufgetragene Teer bildete anscheinend eine gute Unterlage für die folgende Behandlung mit Asphalt. Dieses

Feld zeigte jedenfalls bei einer Gesamtbindemittelmenge von 1,8 kg/m² nach fast zweijährigem
Betrieb selbst über der normalen Wasserspiegellinie nur wenig Veränderung. Diese Beobachtung war
insoferne nicht überraschend, als vom Straßenbau her bekannt ist, daß sich Asphalt auf einer
Teerung gut hält.

Die Frage, welche Unterschiede sich bei der bisherigen Beobachtung im Verhalten der emulgierten und nicht emulgierten Beläge gezeigt haben, ist dahin zu beantworten, daß sich nicht emulgierte Bindemittel besser eignen als emulgierte. Die Emulsionen scheinen auch nicht in gleichem
Maße wie die gewöhnlichen Bindemittel in der Lage zu sein, Steine zu binden. Während in den Feldern 1, 6, 7 und 8, die mit nicht emulgierten Bindemitteln hergestellt sind, der Zusammenhang
der Decken in allen Fällen gewahrt blieb, zeigten die vier Emulsionsfelder 2, 3, 4 und 5 schon
nach kurzem Betrieb Spuren der beginnenden Auflösung. Da die Emulsionen während der Versuche an Ort und Stelle in einem Ajagwagen hergestellt wurden, ist nicht sicher, ob nicht fabrik-

Bild 21. Aus der Decke auslaufender Teer; die Laufbahn der Tropfen ist im Bild ersichtlich.

mäßig erzeugte Emulsionen ein besseres Verhalten gezeigt haben würden, um so mehr, als die
Bindemittel vor dem Einbau — wie aus Tafel 1 hervorgeht — in einigen Fällen sehr hoch erhitzt wurden. Dem steht entgegen, daß mit dem Ajag-Verfahren auf Straßen ähnliche Erfolge
erzielt werden wie mit fabrikmäßig hergestellten Emulsionen, so daß vielleicht der Unterschied der
Herstellung nicht allzu großen Einfluß haben dürfte.

Ganz verschieden von den bisher besprochenen Oberflächenbehandlungen verhielten sich
die sog. schweren Decken in den Feldern 10 bis 13. Weder bei den Decken aus Gußasphalt
noch bei den Tränkdecken zeigten sich irgendwelche Schäden durch Frost. Auch das Aussehen und
die Eigenschaften haben sich während der Dauer der Beobachtung in keiner Weise geändert. Als
die Gußasphaltdecke eingebaut wurde, ist gleichzeitig seitlich vom Kanal auf einer Blechunterlage
ein größeres Probestück aufgebracht worden, dessen Eigenschaften wiederholt geprüft wurden.
Noch heute besitzt das Probestück dieselbe Biegsamkeit wie beim Aufbringen (Bild 22). Auch die
Tränkdecken haben sich im großen und ganzen voll bewährt; nur neigte an sehr warmen Tagen
der dünnflüssige Tränkungsteer dazu, auszulaufen; dabei drückte er gegen die schützende, mit
härterem Asphalt durchgeführte Oberflächenschicht, was sich in der Bildung von leichten Wöl-
bungen bemerkbar machte. Eine schädliche Störung des Zusammenhanges der Decke trat dadurch
jedoch nicht ein.

Folgerungen.

Aus den Arbeiten des Jahres 1930 können wichtige Schlüsse gezogen werden. Das Oberflächen-verfahren ist überall da auszuscheiden, wo es sich um Bauten von langer Lebensdauer handelt und wo schlechter Untergrund vorliegt. Für vorübergehende Sicherungen und für ähnliche Zwecke genügt auch die Oberflächenbehandlung. Emulsionen sollten als Bindemittel nur soweit unbedingt notwendig verwendet werden.

Da sich die selbständigen, von der Beschaffenheit des Untergrundes unabhängigen Decken (schwere Decken) voll bewährt haben, sind die Versuche in dieser Richtung weiterzuführen. Dabei sind Tränkung und Mischdecken (letztere als Ersatz für Gußasphalt) getrennt zu untersuchen, da ihnen auf Grund ihrer Eigenschaften im Wasserbau verschiedene Anwendungsgebiete zufallen. Mischdecken, die vollkommen wasserundurchlässig hergestellt werden können, eignen sich haupt-sächlich für die Zwecke der Dichtung. Tränkdecken besitzen zwar annähernd gleiche Wider-standsfähigkeit gegen mechanische Angriffe wie Mischdecken, sind aber nicht undurchlässig und

Bild 22. Eine seitlich vom Versuchskanal aufgebrachte Gußasphalt-Probefläche.

eignen sich daher in erster Linie für Sicherungen an Ufern u. dgl. Da der Einbau von Misch-decken umfangreiche maschinelle Einrichtungen erfordert, sind sie nur wirtschaftlich herzustellen, wenn die Bauarbeit genügend groß ist. Bei der Abdichtung von Schiffahrts- und Werkkanälen, Staudämmen, Speicherbecken usw. dürfte diese Voraussetzung in der Mehrzahl der Fälle vorliegen. Tränkdecken für Sicherungszwecke, wie für Uferschutz u. ä., können dagegen mit wenigen und ein-fachen Hilfsmitteln und Geräten gebaut werden, so daß damit auch kleine Bauten noch wirtschaftlich gesichert werden können.

Da das Oberflächenverfahren nach den gemachten Beobachtungen nur beschränkt anwend-bar ist, wurde es in das weitere Versuchsprogramm nicht mehr aufgenommen, vielmehr sah dieses nur noch Versuche mit Tränk- und Mischdecken vor. Da vom Straßenbau her bekannt ist, daß sich solche Decken vorteilhafter mit Asphalt als mit Teer bauen lassen, schien es gerechtfertigt, von der Verarbeitung von Teeren ganz abzusehen, zumal sich bei allen verwendeten Teersorten mehr oder minder deutlich das Bestreben gezeigt hatte, an den Böschungen auszulaufen und die übrigen Unsicherheiten, die im Wesen des Teeres begründet sind, dagegen sprechen. Dabei wurde auch be-rücksichtigt, daß bei Verwendung von Teeren — selbst auf Versuchsflächen — schwerwiegende Auflagen wegen der Fischerei zu erwarten waren[1]).

[1]) Siehe Fußnote 4, S. 14.

Die dritte Versuchsgruppe (1931).

Vorbereitungen.

Die dritte Versuchsgruppe sollte sich, wie erwähnt, nur auf Tränk- und Mischdecken erstrecken. Die Tränkungen hatten bereits in der vorausgegangenen Versuchsgruppe ihre Brauchbarkeit auch an geneigten Flächen erwiesen. Auch daß sie in jeder beliebigen Flächengröße durchgeführt werden können, konnte als sicher angesehen werden. Dagegen war die Gußasphalt-Versuchsstrecke nicht geeignet gewesen zur Klärung der Frage, ob sich Dichtungsbeläge nach dem Mischverfahren technisch einwandfrei und wirtschaftlich einbauen ließen. Gerade hierüber waren aber Anhaltspunkte für die Praxis von besonderer Bedeutung. Die neue Aufgabe hatte sich daher vor allem den Mischdecken zuzuwenden, wobei es sich um zwei Ziele handelte: Feststellung der günstigsten Struktur und der zweckmäßigsten Einbauweise einer Mischdecke.

Für die Zusammensetzung der Decken waren die Erfahrungen des Straßenbaus, soweit wie möglich, auf den Wasserbau zu übertragen (vgl. Aufsatz von Dr. Ziegs). Im Wasserbau werden vom Mischgut folgende Eigenschaften verlangt: 1. Es soll so zusammengesetzt sein, daß die Decke auch ohne starke Pressung völlig wasserdicht wird. 2. Korngröße, Beschaffenheit und Mischung des Gesteinsstoffes soll in möglichst weiten Grenzen geändert werden können, ohne daß die Eigenschaften der Decke beeinträchtigt werden. 3. Das Mischgut soll seine Lage nach dem Aufbringen, also in stark erhitztem Zustand auch an Böschungen von 1:2 und noch steilerer Neigung selbständig halten und darf auch an heißen Tagen nicht zum Abwärtsgleiten neigen. 4. Die Oberfläche soll beliebig rauh oder glatt gestaltet werden können. 5. Das Mischgut soll so geartet sein, daß es mit einer Maschine aufgebracht werden kann.

Die Mischdecken für Straßen werden, nachdem sie auf den Unterbau gelegt sind, mit schweren Walzen zusammengepreßt, um dicht und fest zu werden. Der meist lose Baugrund, auf den die Decken im Wasserbau zu verlegen sind, kann mit solch schweren Maschinen nicht befahren werden, da dabei die Walze samt der Decke einsinken würde, wobei ein Abscheren der Decke unvermeidlich wäre. Jedenfalls aber müßte ein Vermengen des Mischgutes mit dem Baugrund befürchtet werden. Im Straßenbau wählt man Walzen mit einem Gewicht von 30 bis 40 kg/cm. Bei den Decken im Wasserbau darf schätzungsweise höchstens der dritte bis vierte Teil dieses Druckes angewandt werden. Damit sie trotzdem dicht werden, muß das Mischgut anders zusammengesetzt werden, indem mehr Bindemittel zugegeben wird. Der Straßenbau arbeitet im allgemeinen mit einem Bitumenunterschuß gegenüber den Hohlräumen der Mineralmischung, weil unter der Wirkung des Verkehrs bei Decken mit hohem Bitumengehalt Wellen entstehen und das Bitumen leicht an die Oberfläche gedrückt und durch Fahrzeuge weggeschleudert wird. Im Wasserbau fällt diese Rücksicht auf den Verkehr weg, daher kann hier unbedenklich sogar mit Überschuß an Bindstoff gearbeitet werden. Dies bietet noch den Vorteil, daß das beim Nachwalzen hochgedrückte Bitumen eine wasserabweisende Oberflächenschicht bildet.

Zunächst wurden im Laboratorium Versuche über die zweckmäßigste Zusammensetzung des „Minerals" (Gesteinsbestandteil des Mischguts) angestellt. Dabei wurde immer eine entsprechend große Menge feinen Materials (Grus, Sand und Füller) mit einem verhältnismäßig geringen Anteil groben Splitts zusammen gemischt und das Mittelkorn etwas vernachlässigt. Der grobe Split soll an steilen Böschungen das Stützmaterial bilden, während die feinen Teile für eine dichte Bettung der größeren Bestandteile sorgen sollen. Die Siebanalyse einer nach diesen Gesichtspunkten hergestellten Mischung hatte folgende Werte:

Körnung größer als	1 Zoll engl.				4,4%
zwischen	1 ,, ,, und ³⁄₄ Zoll				7,0%
,,	³⁄₄ ,, ,, ,, ¹⁄₂ ,, ...				15,7%
,,	¹⁄₂ ,, ,, ,, ¹⁄₄ ,, ...				3,6%
,,	¹⁄₄ ,, ,, ,, 10 Maschensieb .				6,7%
				Übertrag	37,4%

Übertrag 37,4%

Körnung zwischen   10 Maschensieb und 20 Maschensieb . . 16,7%
,,   20   ,,   ,,   30   ,,   . . 6,7%
,,   30   ,,   ,,   40   ,,   . . 4,7%
,,   40   ,,   ,,   50   ,,   . . 3,6%
,,   50   ,,   ,,   80   ,,   . . 4,2%
,,   80   ,,   .,   100   ,,   . . 2,0%
,,   100   ,,   .,   200   ,,   . . 6,3%
unter   200   ,: 18,4%
                                                        100,0%

Es waren ungefähr 30% Splitt über 15 mm, 15% Splitt zwischen 3 und 8 mm, der Rest von 55% war unter 3 mm. Die Laboratoriumsversuche haben auch gezeigt, daß sich die Zusammensetzung in ziemlich weiten Grenzen ändern läßt. Dadurch ist für die Ausführung große Freiheit gegeben, so daß man sich an das vorhandene Material und die vorhandenen Maschinen weitgehend anpassen kann.

Um zu ermitteln, wie stark bituminöse Decken dazu neigen, sich an Böschungen abwärts zu bewegen, wurden im Laboratorium Probemischungen in der erforderlichen Temperatur von ungefähr 150° auf schiefen Ebenen mit Neigungen 1:2 bis 1:1 aufgelegt. Weiter wurden aus solchen Mischungen auch Probewürfel von 7:7:7 cm hergestellt und im Trockenschrank auf einer schiefen Ebene mit 40° Neigung vier Stunden lang auf einer Temperatur von 60° gehalten. In keinem der beiden Fälle konnten merkliche Abwärtsbewegungen festgestellt werden, so daß sich die Befürchtung, eine bituminöse Decke würde an stark geneigten Böschungen allmählich abfließen, als unbegründet erwies.

Die vorgenannten Fließversuche wurden an Probestücken mit verhältnismäßig geringem Bitumenüberschuß angestellt. Um festzustellen, wieweit mit dem Bindemittelüberschuß, der mit Rücksicht auf die Undurchlässigkeit erwünscht ist, gegangen werden durfte, bis ein merkliches Abfließen der Decke eintrat, wurden einer Gesteinsmischung verschiedene Mengen von Bindemittel zugegeben. Von den einzelnen Mischungen wurden wieder Würfel in Größen 7:7:7 cm hergestellt und im Trockenschrank auf einer 1:2 geneigten Blechunterlage 48 Stunden lang auf einer Temperatur von 60° gehalten. Die Ergebnisse sind aus Zahlentafel II zu ersehen.

Zahlentafel II. **Mischungen mit Mexphalt E.**

Gewichtsteile Mexphalt	Raumteile Mexphalt	Unterschied gegenüber den Hohlräumen der Mineralmischung in Vol.-%	Beschaffenheit der fertigen Mischung	Aussehen des Probekörpers	Zustand des Probekörpers nach 48 h Erwärmung auf 60°. Neigung 1:2
a/100 Teile Mineral					
7,5	16,3	— 1,1	zu mager	nur oben dicht	unverändert
8,0	17,4	0	ziemlich gut	gut	unverändert
8,5	18,4	+ 1,0	gut	gut	unverändert
9,5	20,7	+ 3,3	gut	gut	unverändert
10,5	22,8	+ 5,4	fett	dicht	mäßig deformiert

Bild 23 zeigt den Zustand der Würfel nach der Prüfung. Während ein Würfel mit einem Bitumenüberschuß von 3,3% noch standfest war, zeigte ein solcher mit 5,4% Bitumenüberschuß bereits merkliche Deformationen. Die Grenze des Bindemittelüberschusses liegt demnach zwischen 3,3 und 5,4 Vol.-%. Die vorgenommene Prüfung entspricht übrigens äußerst ungünstigen Verhältnissen. Eine Erhitzung auf 60° kann in der Natur wohl eintreten, doch wird die Decke nur einseitig bestrahlt und nur für wenige Stunden eines Tages. In der Natur führt außerdem der Untergrund Wärme ab und die hangwärts liegenden Teile der Decke stützen die nächst höher liegenden.

3*

Bild 23. Probewürfel nach 48stündigem Erhitzen im Trockenschrank auf eine Temperatur von 60⁰ bei einer Neigung der Unterlage von 1:2.

Dies wird auch durch die Art der Deformation der Würfel (Bild 23) bestätigt. Die Deformation wird also bei bituminösen Belägen in der Natur sicher geringer sein. Wahrscheinlich würden Decken mit einem Bindemittelzusatz von 10,5% (siehe Zahlentafel II) in der Natur ihre Lage bei einer Böschungsneigung 1:2 noch völlig beibehalten u. U. sogar an noch steileren Böschungen. Der Bindemittelzusatz von 10,5% gilt natürlich nur für die beim Versuch verwendete Mineralmischung. Er ändert sich entsprechend dem Hohlraumgehalt bei anderer Zusammensetzung. Mischungen, die im Gegensatz zum Straßenbau einen Bitumenüberschuß aufweisen, sollen im folgenden als „Walzgußasphalt" bezeichnet werden.

Durch das Hochdrücken des Bitumens beim Nachwalzen der Decke wird die Oberfläche sehr glatt, was in manchen Fällen notwendig oder erwünscht ist, in anderen Fällen aber, z. B. dann, wenn auf die Dichtungsschicht eine Überdeckung aus Erdmaterial (Schiffahrtskanal) gebracht werden soll, vermieden werden muß. So sind z. B. schon Überdeckungsschichten, die in Schiffahrtskanälen die Tonschalen schützen, infolge zu geringer Rauhigkeit abgeglitten. Um ähnliches zu vermeiden, muß in solchen Fällen die Asphaltdichtung künstlich rauh gemacht werden. Das einfachste und sicherste Mittel ist das Bestreuen der noch warmen Schicht mit Kies, Sand oder sonstigem Gesteinsmaterial. Das Gestein klebt an der Bitumenhaut fest und bietet dadurch jeder weiterer Überdeckung einen sicheren Halt. Versuche in dieser Richtung wurden allerdings nur in kleinen Ausmaßen ausgeführt; sie hatten ein günstiges Ergebnis.

Bild 24. Gesamtansicht des Modells der Ausbreitvorrichtung.

Bezüglich des Einbaus der Mischdecken wurde untersucht, ob eine maschinelle Aufbringung des Mischgutes möglich sei. Zunächst wurde ein kleines Modell einer Ausbreitmaschine angefertigt. Da das Mischgut ganz andere Eigenschaften als Beton besitzt, kann hier die maschinelle Herstellung von Böschungsbeton mit Böschungsfertigern nicht als Vorbild genommen werden. Abgesehen von der hohen Temperatur, die jedoch wider Erwarten keine besonderen Erschwernisse mit sich brachte, gibt das Bindemittel in seinem mehr oder minder zähflüssigen Zustand der Mischung eine teigartige Beschaffenheit. Ein gleichmäßig freier Ausfluß aus einem Behälter ist mit solchem Arbeitsgut kaum zu erreichen. Mit Rücksicht auf die geringen Deckenstärken soll aber die Maschine gerade in dieser Hinsicht genau arbeiten. Decken in Stärken von 2 bis 3 cm müssen noch einwandfrei verlegt werden können. Statt freien Ausflusses wurde deshalb ein zwangläufiger Ausfluß des Materials gewählt. Da wegen der geringen Deckenstärken nur verhältnismäßig kleine Mengen Mischgut ausgebreitet werden müssen, ließ sich die Konstruktion vereinfachen. Bild 24 zeigt die Gesamtansicht des Modells. Der vierkantige Trichter dient zur Aufnahme und zum Verfahren des Mischgutes. An der unteren Öffnung des Trichters sind Riffelwalzen eingebaut, die die Schichtstärke regeln sollen. Durch eine kleine Seilwinde konnte das Modell auf Schienen gezogen werden. Alle verstellbaren Teile waren so gebaut und angeordnet, daß sie mit wenigen Handgriffen geändert

Bild 25. Das Modell der Ausbreitvorrichtung in Tätigkeit.

werden konnten. Mit dem Modellwagen wurden verschiedene Versuchsreihen durchgeführt, und zwar mit einer geriffelten Walze, mit zwei Riffelwalzen, ferner mit glatten Walzen und in allen Fällen auch mit verschieden eingestellten Walzabständen und mehreren Fahrgeschwindigkeiten. Im Windwerk des Modellwagens war zum Überwachen des gleichmäßigen Vorschubs des Trichters ein synchron laufendes Uhrwerk eingebaut, dessen Geschwindigkeit in weiten Grenzen regelbar war. Für die Versuche wurden Geschwindigkeiten von 3 bis 7 m/min eingestellt. Die Umfangsgeschwindigkeit der Förderwalzen entsprach hierbei ungefähr der Vorschubgeschwindigkeit des Modellwagens und war in Abhängigkeit von dieser Geschwindigkeit gebracht, d. h. wenn sich die Vorschubgeschwindigkeit änderte, wurden selbständig auch die Drehzahlen der Förderwalzen geändert. Deshalb war auch die ausgebreitete Menge zwangläufig vom Vorschub mit abhängig.

Geschwindigkeiten von 6 bis 7 m/min ergaben einwandfreies Arbeiten des Modellwagens. Bild 25 zeigt den Modellwagen in Tätigkeit. Die Planierwalze ebnet das Mischgut und streicht es auf die gewünschte Höhe ab. Für die Durchbildung der Maschine war sehr wichtig, daß der Trichter durch die Förderwalzen vollständig entleert werden muß, da sonst die Gefahr besteht, daß das zurückbleibende Material erkaltet und zu Störungen Anlaß gibt. Dies konnte durch besondere Gestaltung des Trichterendes erreicht werden. Zunächst wurde das Ausbreiten des Mischgutes auf waagrechten Flächen erprobt. Erst als die Konstruktion so weit verbessert war, daß das Modell auf waagrechten Flächen einwandfrei arbeitete, ging man daran, auch Versuche an Böschungen zu machen. Dabei zeigte sich, daß die Maschine nur dann gleichmäßige Decken ausbreitete, wenn der Trichter in jeder Lage und unabhängig von der Größe der Böschungsneigung stets lotrecht

stand. Die einfachere Konstruktion hätte sich mit dem Trichter normal zur Böschung ergeben. Selbst geringe Abweichungen des Trichters aus der lotrechten Lage ergaben aber Störungen bei der restlosen Entleerung. Erst als der ursprüngliche Modellwagen in die Form wie Bild 26 zeigt umgebaut war, arbeitete er auch an Böschungen einwandfrei.

Durch diese Modellversuche war die Frage, ob es möglich ist, das Mischgut maschinell auszubreiten, so weit geklärt, daß an den Bau eines größeren Ausbreitwagens nach dem Vorbild des verbesserten Modells gegangen werden konnte.

Durchführung der Versuche.

Obgleich die Laboratoriumsversuche sehr wertvolle Erkenntnisse gebracht hatten, so waren daraus doch noch keine endgültigen Schlüsse zu ziehen. Sie mußten erst durch Großversuche überprüft werden.

Die zu untersuchenden schweren Decken kom-

Bild 26. Das umgebaute Modell der Ausbreitmaschine zur Herstellung von Böschungsbelägen.

men für Werk- und Schiffahrtskanäle als Auskleidungs- oder Dichtungsschichten und für Uferschutz als Sicherungsschichten in Betracht. Entsprechend diesen drei Anwendungsmöglichkeiten waren zunächst auch drei getrennte Großversuche vorgesehen. Bei genauerer Überlegung ergab sich jedoch, daß die beiden ersten Verwendungsarten (für Werk- und Schiffahrtskanäle) unbedenklich gemeinsam betrachtet werden konnten. Wenn nämlich ein Versuch zur Auskleidung eines Werkkanales etwaige Schwierigkeiten beim Einbau aufdeckt und über das Verhalten der Decke Aufschluß gibt, so sind auch damit die Fragen wegen der Dichtung von Schiffahrtskanälen fast durchweg gelöst, weil hierbei nicht so hohe Forderungen zu stellen sind. Demgemäß waren also nur Versuche über Misch- und Tränkdecken zu unterscheiden.

Für Mischdecken (Walzgußasphalt) wurde die erste Haltung des Erdkanals (e in Bild 2) mit einer Fläche von ungefähr 700 m² aus-

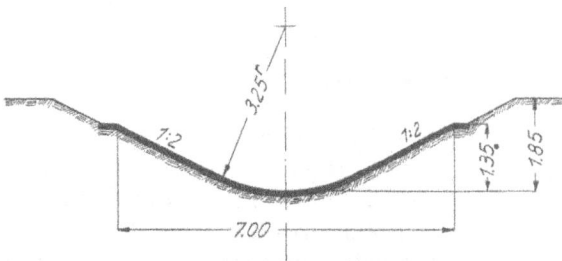

Bild 27. Dritte Versuchsgruppe: Querschnitt durch das Erdgerinne, Haltung I (vgl. e in Lageplan Bild 2).

ersehen. Für den probeweisen Einbau einer Tränkdecke eignete sich besonders das bei Beginn der Versuche gerade fertiggestellte Flußbaugerinne (d in Bild 2), das eine Fläche von ungefähr 1100 m² hat. Die Profile beider Gerinne sind aus den Bildern 27 und 38 zu entnehmen.

A. Walzgußasphaltdecken.

a) Der Einbau.

Da der in der Versuchsanlage anstehende Kies stark mit Lehm durchsetzt war, hätte er erst sorgfältig gereinigt werden müssen. Deshalb wurde in der Nähe der Versuchsanlage das erforderliche Gestein in einem Steinbruch gewonnen und an Ort und Stelle gebrochen. Der Brecher lieferte drei Siebungen, von denen die gröbste zwischen 30 und 60 mm größtenteils zur Schotterung für die Tränkdecken verwendet wurde, während Mittelbruch (bis 30 mm) und Grus mit einem Teil des gröberen Schotters zu einer Gesteinsmischbühne gebracht wurden, wo das Mineral für die Mischdecken im Verhältnis 1:1:4[1]) (Grob:Mittel:Grus) gemischt wurde. Dieses „Mischen" des Minerals stellt einen vom späteren „Mischen" des Minerals mit dem Bindemittel getrennten Arbeitsvorgang dar.

Die im Straßenbau zur Mischung des Gesteins mit dem Bitumen verwendeten Maschinen sind groß und schwer und bedürfen zahlreicher Nebeneinrichtungen (Kocher, Elevatoren usw.). Ihre Beifuhr und Montage sowie ihre Miete verursachen erhebliche Kosten, weshalb bei den Versuchen von der Verwendung einer solchen Mischanlage abgesehen wurde, zumal sie darauf eingestellt ist, eine große Menge Mischgut zu liefern, das nun unbedingt sofort verarbeitet werden muß. Bei den Versuchen hätte man alle Arbeitsgänge und Messungen nach der Leistung und dem Lieferungs-

Bild 28. Gesteinstrockentrommel im Betrieb.

vermögen einer solchen Mischmaschine richten müssen. Die Mischanlagen für den Straßenbau bestehen aus Trockentrommel, Wiegevorrichtungen und dem eigentlichen Mischtrog, wogegen das Bitumen meist getrennt in Kochern erhitzt wird. Die Behelfseinrichtung in Obernach wurde ebenfalls so zusammengestellt; nur waren die einzelnen Vorrichtungen getrennt. In einer fahrbaren Trockentrommel, wie sie auch im Straßenbau gelegentlich noch benützt wird, wurde das Gestein erhitzt (Bild 28). In der Trommel konnten rd. 2 bis 3 m³ trockenes Gestein in der Stunde auf eine Temperatur von etwa 200⁰ erwärmt werden. Eine Wiegevorrichtung wurde nicht beschafft, obwohl man im Straßenbau von dem volumetrischen Messen der Zuschläge, wie es bei der Betonbereitung noch üblich ist, abgegangen ist, hauptsächlich wohl, weil ein Bindemittelüberschuß vermieden werden muß. Da aber der Walzgußasphalt gerade mit Bitumenüberschuß hergestellt werden sollte, konnte man hier, ohne erhebliche Nachteile befürchten zu müssen, die einzelnen Stoffe mit entsprechender Sorgfalt volumetrisch abmessen.

Zum Erhitzen des Bitumens wurde der Vorwärmekessel, der für die früheren Versuche (zweite Versuchsgruppe 1930) benützt worden war, wiederum verwendet. Das Mischen von Mineral und Bitumen erfolgte in einem Betonzwangsmischer mit 150 l Inhalt, wobei allerdings starke Wärmeverluste in Kauf genommen werden mußten.

[1]) Bei einigen wenigen Mischungen wurde von diesem Verhältnis abgegangen; vgl. S. 36, Zahlentafel IV.

Der Arbeitsvorgang war nun folgender: In der Trockentrommel wurde das Gestein auf rd. 200⁰ erhitzt; dann wurden je 80 l abgemessen und durch einen Schrägaufzug dem Trog der Mischmaschine zugeführt. Das auf 180⁰ erwärmte Bitumen (Mexphalt) wurde aus Kannen zugegossen. Nachdem Bindemittel und Gestein gut durchgemischt waren, wurde noch Gesteinsmehl (Füller) in den Mischtrog zugegeben. — Nachstehend ist der gesamte Vorgang schematisch dargestellt.

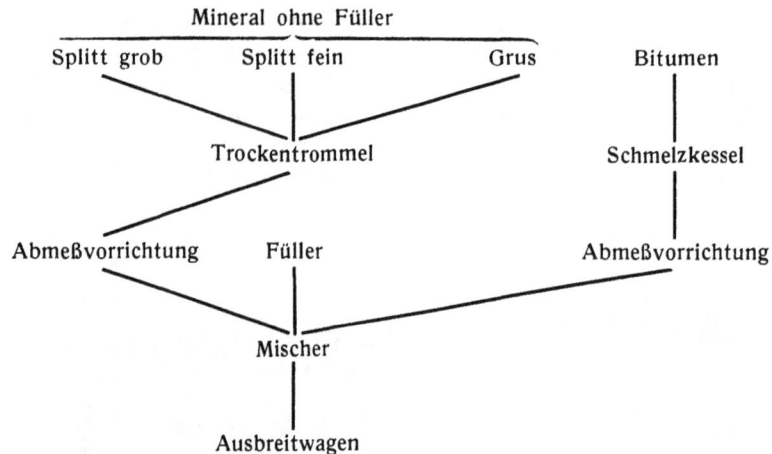

```
              Mineral ohne Füller
        ┌─────────────────────────┐
Splitt grob    Splitt fein      Grus          Bitumen
        \          |           /                |
              Trockentrommel              Schmelzkessel
        /                  \                     |
Abmeßvorrichtung      Füller            Abmeßvorrichtung
        \                |                    /
                      Mischer
                         |
                   Ausbreitwagen
```

Das Mischen von Mineral und Bitumen dauerte 3 bis 4 min. Im allgemeinen würden 1 bis 2 min ausreichen. Die längere Mischzeit wurde durch die Behelfseinrichtungen bei der Zugabe des Bitumens bedingt.

Die Bilder 29, 30 und 31 zeigen die Gesamtanordnung der Misch- und Ausbreitanlage. Es ist ersichtlich, daß der Mischer mit der Arbeitsbühne und dem Ausbreitwagen längs des Kanals verfahren werden konnte. Im Ausbreitwagen ist der Mischgutbehälter mit den Riffelwalzen pendelnd

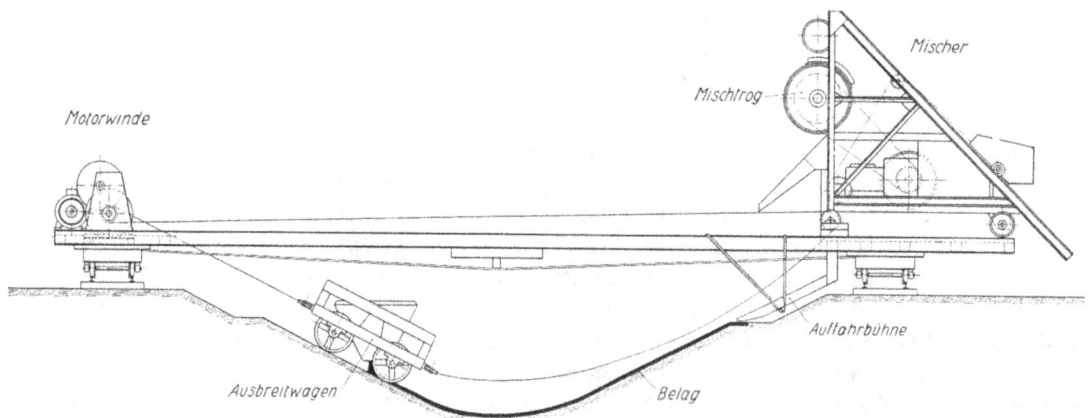

Bild 29. Schematische Darstellung der Ausbreitanlage (Aufriß).

im Fahrgestell aufgehängt. Das Fahrgestell besteht aus einem Rahmen, der auf zwei Paaren von Laufwalzen gelagert ist. Dadurch wird Unregelmäßigkeiten des vorgewalzten Kanalprofils weitgehend Rechnung getragen, indem sich die Planierwalzen den Unebenheiten anpassen. Wäre dies nicht der Fall, so würde die Decke notwendigerweise an einzelnen Stellen verschieden stark ausfallen. Die Riffelwalzen für die Abgabe des Mischgutes werden von einer Laufwalze aus durch ein Wechselgetriebe bewegt, das die Schaltung von sechs Geschwindigkeiten gestattete. Damit war die

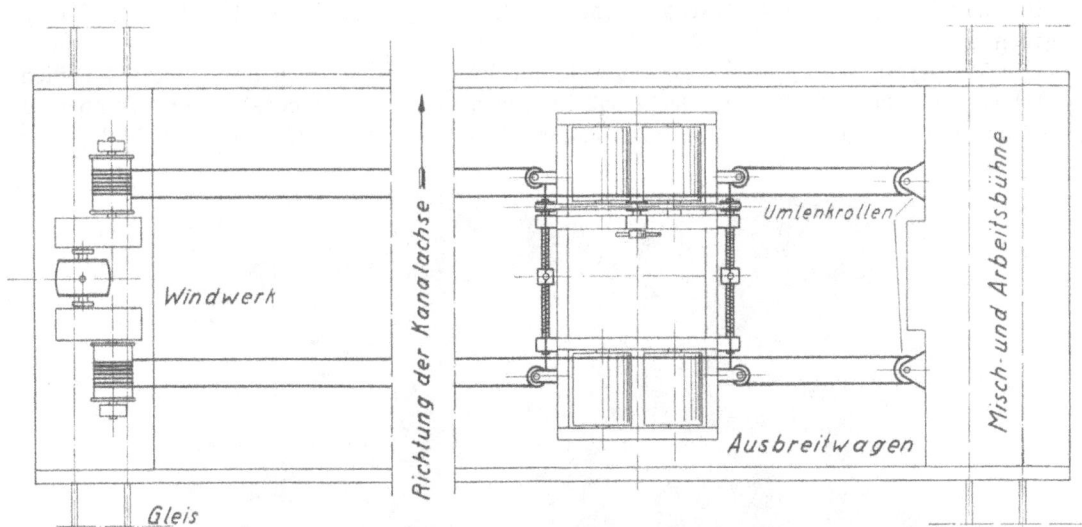

Bild 30. Ausbreitanlage; schematische Darstellung des Antriebs.

Möglichkeit gegeben, die günstigste Drehzahl der Walzen zu ermitteln. Der ganze Ausbreitwagen wurde von der linksseitigen Böschung des Kanals aus durch zwei Winden an zwei Seilen quer durch den Kanal gezogen (Bild 30). Wegen des kleinen Kanalquerschnitts war es nicht möglich, den Wagen nur durch Steuern beim Ablaufen um seine Arbeitsbreite zu verschieben, wie dies z. B. bei Böschungswalzen geschieht. Deshalb wurde eine Auffahrbühne geschaffen, die in Bild 29 zu sehen

Bild 31. Haltung I während des Einbaues der Dichtungsdecke.

ist. Der Wagen wurde, nachdem er dort aufgelaufen war, samt Mischer und Winden auf den Schienen um die Arbeitsbreite, die 80 cm betrug, verschoben.

Mit dieser Vorrichtung wurden Decken in 3, 3½, 4 und 4½ cm Stärke aufgetragen. Auf eine kurze Strecke wurde die Zusammensetzung des Mineralgemisches insofern geändert, als Körner, größer als ¾ Zoll, wegblieben.

Bild 32 zeigt, wie das heiße Mischgut vom Mischtrog unmittelbar in den Behälter des Wagens abgegeben wird.

Der Temperaturabfall des Mischgutes während des ganzen Arbeitsganges geht aus Zahlentafel III hervor. Die ausgebreitete Decke soll im allgemeinen noch mindestens eine Temperatur von 130 bis 140⁰ haben, damit sie plastisch genug ist, um sich unter den folgenden Walzgängen

Bild 32. Entleeren des Mischgutes in den Trichter des Ausbreitwagens.

dichten und fertig bilden zu können. Man ersieht aus der Zahlentafel, daß die gewünschte Endtemperatur noch gut erreicht werden konnte, obgleich die behelfsmäßigen Einrichtungen nicht allen Ansprüchen genügten. Eine Mischung umfaßte nämlich ungefähr 80 bis 90 l, während bei einer einmaligen Durchquerung des Profils je nach der Ausbreitstärke 180 bis 280 l nötig waren. Der Ausbreitwagen mußte daher 2 bis 3 Mischvorgänge abwarten, ehe er wegfahren konnte. Dadurch war natürlich ein Abkühlen des Mischgutes unvermeidlich.

Zahlentafel III. **Ausgeführte Messungen.**

1931	Mischung Nr.	Temperaturen in ⁰C des Mischgutes			Zeit von Beginn des Mischens bis nach dem Ausbreiten
		im Mischer	im Wagen	ausgebreitet	
18. 6	1	205	155	140	14 min
18. 6	2	210	155	140	
18. 6	1	193	137	133	17 min
18. 6	2	190	145	133	
9. 7	1	225	155	135	12 min
9. 7	2	190	148	135	
9. 7	1	205	150	130	13 min
9. 7	2	205	148	130	
9. 7	1	200	155	134	13 min
9. 7	2	215	153	134	

Besonders mußte auch darauf geachtet werden, daß zwischen zwei nebeneinander liegenden Streifen keine schädliche Stoßstelle entstand. Solange der erste Streifen noch eine Temperatur von ungefähr 100⁰ hat, fließt der daneben aufgebrachte Streifen vollkommen mit ihm zusammen.

Nach ein- bis zweimaligem Überwalzen ist die Stoßstelle nicht mehr erkenntlich. Dies setzt allerdings voraus, daß der Arbeitswagen genau parallel zum ersten Streifen fährt. Bei einiger Geschicklichkeit des Fahrers ist dies leicht möglich, da die Ausbreitmaschine in bestimmten Grenzen steuerbar ist. War der erste Streifen schon weitgehend erkaltet, sei es durch Betriebspausen oder durch Betriebsverzögerungen, die bei Störungen oder erforderlichen Änderungen an der Maschine wiederholt eintraten, so mußte der erkaltete Rand des letzten Streifens, der im allgemeinen eine ganz unregelmäßige Gestalt besitzt, mit einem Meißel abgehauen und ausgerichtet werden. Zweckmäßig wird der Rand dann mit heißem Bitumen überstrichen, unmittelbar bevor das Ausbreiten des Anschlußstreifens erfolgt. Dann tritt wieder eine völlige Bindung der alten und neuen Decke ein.

Bild 33. Probedecke, zur Beobachtung von Bewegungsvorgängen auf einer in ihrer Neigung veränderlichen Holzunterlage.

Bild 34. Probedecke, zur Beobachtung von Bewegungsvorgängen auf einer 1 : 1 geneigten Erdböschung.

Auf diese Weise wurden rd. 53 m der Haltung I des Versuchskanals abgedeckt. Da nur mit Behelfseinrichtungen gearbeitet wurde und die einzelnen Deckenstreifen mit verschiedener Stärke ausgeführt wurden, zeigte die Walzgußasphaltdecke nicht das gleichmäßige Aussehen von Straßendecken. Das äußerliche Aussehen hatte aber auf die Güte des Belags keinerlei Einfluß. Um trotzdem eine einheitlich aussehende Fläche zu erzielen, wurde später auf den ganzen Belag noch eine dünne Asphalthaut aufgespritzt.

b) Beobachtungen.

Nach Aufbringen der Decke blieb der Kanal noch einige Wochen außer Betrieb. Diese Zeit wurde dazu benützt, den Einfluß der Sonnenbestrahlung auf die Decke zu beobachten. Um etwaige Bewegungen genau feststellen zu können, wurden in die Decke, in einer Geraden vom oberen Ende bis zur Sohle, 10 cm voneinander entfernt, Nadeln eingetrieben, deren Abstände von einem auf

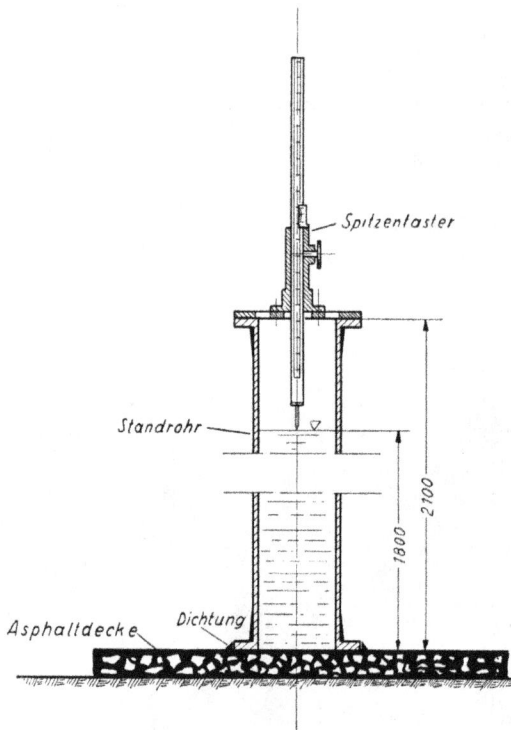

Bild. 35. Versuchseinrichtung zur Prüfung der Durchlässigkeit der Asphaltdecke.

der Berme des Kanals liegenden Fixpunkt aus eingemessen wurden. Die täglichen Messungen der Abstände ergaben keine Anhaltspunkte dafür, daß Bewegungen eingetreten waren. Um zu untersuchen, wie sich die Decke auf einer sehr glatten Unterlage verhält, mit der sie keine Bindung hat, wurde auf eine in der Neigung verstellbare Bretterwand ein Stück des in Haltung I eingebauten Walzgußasphaltes in einer Länge von 160 cm und in einer Breite von 70 cm aufgelegt und der Sonnenbestrahlung ausgesetzt (Bild 33). Bei einer Neigung 1:2 waren Bewegungen nicht feststellbar; bei einer Neigung 2:3 dagegen bewegten sich sämtliche Meßpunkte innerhalb von 11 Tagen bei einer durchschnittlichen Tagestemperatur von 16⁰ im Mittel[1]) um 5 mm nach abwärts; die gesamte Decke glitt demnach auf der Unterlage ab und drückte gegen das als untere Begrenzung aufgeschraubte Winkeleisen. Als die Neigung auf 1:1 erhöht wurde, schob sich die Decke stark zusammen. Der Abstand zwischen der obersten und der untersten Meßnadel verringerte sich in zwei Tagen bei einer mittleren Temperatur von 15⁰ um rd.170 mm. Der Versuch wurde dann abgebrochen. Daß diese Bewegung nur auf die glatte Unterlage zurückzuführen war, bewies ein anschließend durchgeführter Versuch, bei dem die heiße Mischung auf eine unter 1:1 geneigte Erdböschung aufgetragen wurde (Bild 34). Während einer Beobachtungszeit

Zahlentafel IV[2]).

Aufbruchprobe	I	II	III
Stärke	rd. 3,5 cm	rd. 3,0 cm	rd. 4,0 cm
Raumgewicht.	2,37	2,36	2,33
Wasseraufnahme im Vakuum % Vol.	2	1,7	1,6
Bitumengehalt % Gewicht	8,8	9,1	8,9
% Volumen	20,0	20,7	20,0
Mineralmasse:			
Größer als 1 Zoll	—	7,5 %	—
1 Zoll — ³/₄ ,, ...	4,0 %	5,0 %	—
³/₄ ,, — ¹/₂ ,, ...	10,5 %	17,0 %	6,8 %
¹/₂ ,, — ¹/₄ ,, ...	14,0 %	11,0 %	20,7 %
¹/₄ ,, — 10 Maschensieb	21,1 %	12,0 %	27.3 %
10 — 40 ,, ...	25,9 %	24,7 %	24,9 %
40 — 80 ,, ...	4,9 %	4,0 %	4,1 %
80 — 200 ,, ...	2,2 %	2,5 %	2,0 %
unter 200 ,, ...	17,4 %	16,3 %	14,2 %
	100 %	100 %	100 %
Raumgewicht einger.	2,27	2,27	2,24
Spez. Gewicht	2,80	2,80	2,80
Hohlraum ber. % Vol.	19,0	19,0	20,0

---

[1]) Höchste gemessene Temperatur 53⁰.
[2]) Die Zahlen sind zum Teil auf die übliche Genauigkeit gerundet.

a Versuchsbeginn,

b Zustand nach 5 min,

c Zustand nach 9¹/₂ min.
Bild 36. Biegeversuch mit einer Walzgußasphalt-Aufbruchprobe.

von rd. 4 Wochen traten ähnliche Temperaturverhältnisse auf wie bei dem vorher geschilderten Versuch auf glatter Unterlage. Die mittlere Temperatur betrug in der Beobachtungszeit 14⁰; als Höchsttemperatur wurde in der Decke 48,9⁰ gemessen. Trotzdem konnten Lagenänderungen der Decken nicht festgestellt werden[1]. Die Verankerung im Erdreich und die Kühlwirkung des Bodens dürften hier Bewegungen verhindert haben.

Es ist im Straßenbau üblich, aus der fertigen Decke Stücke auszubrechen und zu analysieren, um dadurch Einblick in den Zustand des Belages zu erhalten. Das gleiche geschah auch hier,

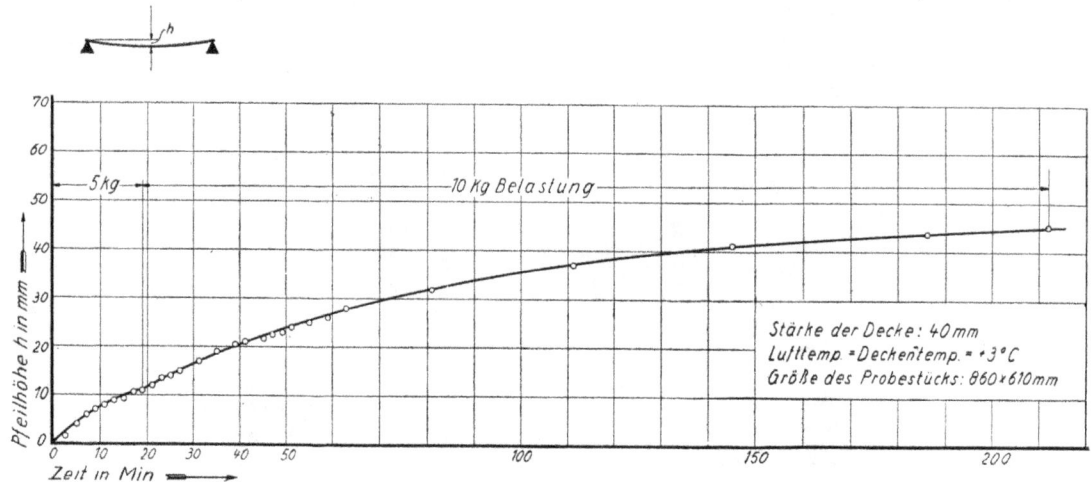

Bild 37. Biegeversuch mit einer Walzgußasphaltdecke.

namentlich, um den Einfluß des geringen Walzdruckes kennenzulernen. Die Analysen der Aufbruchproben zeigt vorstehende Zahlentafel.

Die Proben stammten aus Decken, deren Mineral wie folgt zusammengesetzt war:

    I   1 Teil Grobsplitt, 1 Teil Mittelsplitt und 4 Teile Grus,

    II wie I, die Probe ist jedoch aus einer besonders schlecht gewalzten Stoßstelle entnommen,

    III 1 Teil Mittelsplitt und 2 Teile Grus.

Die erzielte Dichte muß als sehr gut bezeichnet werden. Die Wasseraufnahme im Vakuum beträgt nicht mehr als bei einwandfrei verlegten, gut gepreßten Walzasphaltstraßen, für die eine Wasseraufnahme bis zu 3% zulässig ist. Die untersuchten Beläge dürfen in den verlegten Stärken von 3 bis 4 cm ohne Zweifel als wasserundurchlässig angesprochen werden. Der Bitumenüberschuß über die zur Ausfüllung der Hohlräume (in der dicht gelagerten Mineralmasse) notwendigen Menge beträgt bei I 0,9, bei II 1,3 und bei III 0,5 Gewichtsteile, war also verhältnismäßig gering.

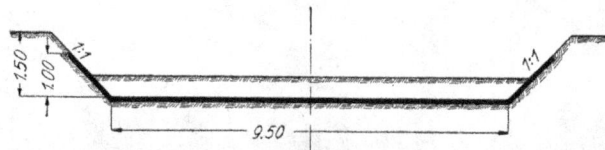

Bild 38. Dritte Versuchsgruppe: Querschnitt durch das Flußbaugerinne (vgl. *d* in Lageplan Bild 2).

Zur unmittelbaren Prüfung der Durchlässigkeit wurden an verschiedenen Stellen der Decke Rohre aufgesetzt und mit Wasser gefüllt. In keinem Fall konnte ein Absinken des Spiegels im Rohr beobachtet werden. Die Anordnung ist aus Bild 35 ersichtlich. Ferner wurden im Labora-

---

[1] Diese Beobachtungen werden laufend fortgeführt.

torium Aufbruchproben unter einem Druck von 30 m Wassersäule abgedrückt, wobei sie sich als völlig undurchlässig erwiesen.

Auch die Plastizität der fertigen Decken wurde an größeren Aufbruchproben festzustellen gesucht. Bei einer Temperatur von 28,7⁰ wurde ein Probestück von 60:60 cm Fläche und 4 cm Stärke auf einen Stab von 22 mm Durchmesser gelegt, und zwar so, daß es im Gleichgewicht blieb. Durch das Eigengewicht der frei auskragenden Teile bog sich die Decke. Bild 36 a zeigt den Zustand beim Auflegen, 36 b nach 5 min und 36 c nach 9,5 min. Nach 10 min riß die Decke durch. Die Temperatur von 28,7⁰ war hier allerdings einer raschen und starken Durchbiegung recht günstig. Es wurde deshalb ein weiteres Probestück von 610 mm Breite bei einer Temperatur von nur + 3⁰ auf zwei Schneiden gelagert, deren Abstand 860 mm betrug. Um die Durchbiegung etwas zu beschleunigen, wurden in der Mitte zwischen den Schneiden zunächst 5 kg, später 10 kg aufgelegt. Nach 212 min, als der Versuch wegen Ansteigens der Temperatur aufgegeben werden mußte, hatte sich die Decke 40 cm durchgebogen, ohne daß die geringsten Anzeichen von Rißbildungen

Bild 39. Straßenwalze zum Verdichten der Sohle des Flußbaugerinnes. Die Druckluft zum Betrieb der Preßluftstampfer für das Verdichten der Böschungen wird von einem in der Walze eingebauten Kompressor erzeugt.

festzustellen gewesen wären (Bild 37). Auch bei tiefen Temperaturen sind also verhältnismäßig große Bewegungsvorgänge für den Belag gefahrlos. Über die Rauhigkeit der Oberfläche von Walzgußasphalt geben die Ausführungen auf S. 43 Anhaltspunkte. Man kann zwar auf Grund dieser Versuche die Eigenschaften derartiger Gesteins-Bitumenmischungen nicht genau definieren, jedoch geht daraus hervor, wie sehr sie sich von den Eigenschaften anderer Dichtungsmittel (Beton, Lehm, Ton) unterscheiden und daß sie Vorzüge zeigen, die im Wasserbau von besonderem Wert sind.

B. Tränkdecken.

a) Der Einbau.

Tränkdecken sind bedeutend einfacher herzustellen als Mischdecken. Es wurde bereits darauf hingewiesen, daß im allgemeinen die gleichen Maschinen wie bei Oberflächenbehandlungen benützt werden können, also Bitumenkocher, Sprengmaschine und Walzen. Das Profil des für den Einbau einer Tränkdecke bestimmten Gerinnes (d in Bild 2) hatte 9,5 m Sohlenbreite und unter 1:1 geneigte Böschungen (Bild 38). Die Sohlenfläche war verhältnismäßig groß, während dem-

Bild 40. Preßluftstampfer zum Verdichten der Böschungen.

gegenüber die Böschungsflächen ganz zurücktraten. Deshalb erschien es am zweckmäßigsten, die Sohle mit einer im Straßenbau üblichen Walze von 6 bis 7 t Gewicht zu verdichten (Bild 39). Um die spezifische Pressung zu verringern, erhielt die Walze Zusatzbandagen. An den Böschungen wurde teils wegen ihrer geringen Fläche, teils wegen ihrer steilen Neigung, von einem Einwalzen abgesehen. Dafür wurden die Böschungsflächen mit Preßluftstampfern — schwere Aufbruchhämmer, die mit einer Eisenplatte in den Ausmaßen 25 × 25 versehen waren — verdichtet. Die Eisenplatten waren an einer Kante etwas aufgebogen und konnten so, ohne die Böschungen zu beschädigen, über die ganze einzustampfende Fläche gezogen werden (Bild 40). Die benötigte Preßluft wurde von einem in die Walze eingebauten Kompressor geliefert. Kocher und Sprengmaschine waren von den früheren Versuchen noch verfügbar.

Der Arbeitsgang war folgender: Zunächst wurden Sohle und Böschungen geebnet, dann wurde Schotter in einer Lage von 5 cm aufgebracht, der, mit Splitt leicht abgedeckt, den Hauptbestandteil der Decke und zugleich die Grundlage für die Abschlußschicht bilden sollte. Das Überstreuen mit Splitt hatte den Zweck, die größeren Hohlräume im Schotter, namentlich an die der Oberfläche liegenden, auszufüllen. Um eine geschlossene Oberfläche zu erzielen, wurde die Gesteinsschüttung (Schotter mit Splitt) an der Sohle noch leicht überwalzt und an den

Bild 41. Abspritzen der Gesteinsschicht mit Bitumen.

Böschungen gestampft. Hierauf erfolgte das Absprengen mit Bitumen, wozu eine Mischung von Spramex und Mexphalt verwendet wurde (Bild 41). Die Menge betrug 2 kg/m². Es wird dabei nicht angestrebt, die Hohlräume mit Bitumen auszufüllen, da dies zu teuer wäre, auch würden die Decken dadurch zu weich. Vielmehr wird nur so viel Bitumen eingebracht, daß die Körner aneinander kleben und die Schotterung ein festes Gerüst darstellt. Um beim Einwalzen und Stampfen ein Ankleben der Bindemittel an die Walzen oder Stampfer zu verhindern, wurde die Oberfläche nach dem Eingießen des Bindemittels zunächst mit einer dünnen Lage Splitt abgestreut. Die gleiche Wirkung hätte sich auch durch Berieseln mit Wasser erzielen lassen.

In einer zweiten Behandlung wird nun die Oberfläche der so vorbereiteten Decke, die porös und durchlässig ist, geschlossen. Wie erwähnt, wurde die Oberfläche nach der ersten Behandlung leicht abgesplittet. Diese Splittschicht darf nicht zu stark sein, da sonst die Gefahr besteht, daß das Bindemittel bei der zweiten Behandlung nicht mehr ganz durch die Schicht dringt und keine Verbindung mit der unteren Schicht hergestellt wird. Es würden in diesem Fall zwei getrennte, aufeinanderliegende Schichten entstehen.

Für die Abschlußschichten wurden rd. 4 kg/m² Spramex-Mexphalt-Gemisch aufgetragen, so daß diese Schicht überwiegend aus Bindemitteln besteht. Die Oberfläche wurde nachher noch mit Grus abgedeckt und leicht überwalzt. Die Bindemittelhaut, die so die Oberfläche abschließt, ist aus Bild 42 ersichtlich.

Nach dem angegebenen Verfahren können beliebig starke Decken hergestellt werden, wenn mehrere getränkte Schotterlagen übereinander gebracht und die oberste Schicht in der beschriebenen Weise durch eine Bindemittelhaut abgeschlossen wird[1]).

b) Beobachtungen.

Da der Aufbau von Tränkdecken sehr einfach ist, erübrigten sich die eingehenden Untersuchungen, die bei den Decken aus Walz-

Bild 42. Auftragung der zweiten Bindemittelschicht.

gußasphalt angestellt wurden. Die Tränkdecken wurden lediglich auf ihre Haltbarkeit hin beobachtet. Bewegungsvorgänge an den Böschungen traten nur an einer kurzen Strecke auf, an der die Neigung steiler als 1:1 war. Es konnte auch beobachtet werden, daß der Belag im Laufe der Zeit von selbst etwas dichter wurde, so daß er in dieser Hinsicht ein ähnliches Verhalten zeigt wie Betonauskleidungen.

---

[1]) Erstmals wurde in der Praxis eine solche Tränkung zur Sicherung einer Entladeanlage am Rheinufer in der Nähe von Düsseldorf ausgeführt. Die Verhältnisse lagen dort so, daß die Pfeiler der Kranbahn und eines anschließenden Lagerschuppens durch Hochwasser unterspült waren. Zur Sicherung gegen Hochwasser wurde nun eine Tränkdecke eingebaut (Bild 43), die sich bis jetzt voll bewährte. Für den Entschluß, eine Tränkdecke als Hochwasserschutz auszuführen — an Stelle einer ursprünglich vorgesehenen Pflasterung —, war auch entscheidend, daß sich die Tränkdecke wesentlich billiger herstellen ließ. Vgl. Bösenberg, Neuartige Uferbefestigung durch Asphaltbauweisen. Der Bauingenieur 1932, H. 23/24, S. 319.

Zusammenfassung.

Durch die Versuche wurde nachgewiesen, daß eine Übertragung der im Straßenbau verwendeten neuzeitlichen Fahrbahnbefestigungen für Zwecke des Wasserbaues wohl möglich ist und in vielen Fällen gute Erfolge verspricht. Es muß dabei allerdings in manchen Punkten von den Grundsätzen des Straßenbaues wesentlich abgegangen werden. Ferner zeigte sich die im Straßenbau beobachtete Überlegenheit des Bitumens (Asphalts) gegenüber Teer. Die Bedeutung der Versuche liegt hauptsächlich darin, daß durch sie die Voraussetzungen und Grundlagen für neue Dichtungs-

Bild 43.   Einbau einer Tränkdecke zur Sicherung einer Verladeanlage am Unterrhein.

und Sicherungsbauweisen geschaffen wurden, die für den Wasserbau höchst erwünschte Eigenschaften besitzen. Es können selbst größte Flächen o h n e Dehnungsfugen hergestellt und je nach den Bedürfnissen fast beliebig dicht oder durchlässig gehalten werden. Bei hoher mechanischer Festigkeit sind die bituminösen Decken doch genügend geschmeidig, um den Bewegungen des Bodens folgen zu können. Ferner gestattet es die Eigenart ihres Aufbaues, daß sie in jedem Fall den örtlichen Verhältnissen angepaßt werden können.

Für die Beurteilung der vorliegenden Versuche ist weiter wesentlich, daß es bei den großen Ausmaßen der Kanäle in der Versuchsanstalt Obernach möglich war, die Arbeiten unter Verhältnissen, wie sie auf Baustellen vorliegen, durchzuführen. Dieser Umstand dürfte dazu berechtigen, die Versuchsergebnisse in weitem Umfang in die Baupraxis zu übertragen.

Bestimmung des Fließverlustes in einem mit Walzgußasphalt ausgekleideten Versuchskanal

von

Gg. Wäcken,
Forschungsinstitut für Wasserbau und Wasserkraft München.

Einleitung.

Im vorhergehenden Aufsatz dieses Mitteilungsheftes wurden die Gründe, die zur Verwendung bituminöser Bindemittel, insbesondere Asphalt, für die Auskleidung von Kanälen Anlaß gaben, eingehend dargelegt. Für den Wasserbauer ist es wünschenswert, neben den technologischen Eigenschaften von Asphaltdecken auch die hydraulischen zu kennen, vor allem den durch die Rauhigkeit der Gerinnewandung und die Ungenauigkeit der Bauausführung verursachten Fließverlust.

Zur Berechnung des Fließverlustes in Werkkanälen werden in der Praxis zwei Gruppen von Formeln verwendet: der Ansatz von de Chézy

$$v = c \cdot \sqrt{R \cdot J}$$

und die allgemeine Potenzformel

$$v = c \cdot R^m \cdot J^n.$$

In beiden Fällen bedeutet v die Wassergeschwindigkeit in m/s, R den hydraulischen Radius in m, welcher der Querschnittsform — wenn auch nicht in eindeutiger Weise — Rechnung trägt, J das Spiegelgefälle und c einen von der Beschaffenheit der Gerinneoberfläche abhängigen Koeffizienten, den Rauhigkeitsbeiwert. Es ist zu beachten, daß der Rauhigkeitsbeiwert c, der in den beiden angegebenen Formeln verschiedene Dimensionen haben kann, nicht nur eine Materialkonstante ist, sondern auch alle Einflüsse berücksichtigen muß, welche in den beiden empirischen Formeln nicht enthalten sind. Es fehlt nicht an neueren Bestrebungen, an Stelle der vorgenannten Formeln Ansätze aufzustellen, die möglichst alle Einflüsse umfassen und insbesondere den Rauhigkeitsbeiwert c so aufspalten, daß zwischen einer „Rauhigkeit 1. Art", die durch die Unebenheit des Materials bedingt ist, und einer „Rauhigkeit 2. Art (Welligkeit)", die von der Reynoldsschen Zahl abhängt, unterschieden wird. Da diese neueren Bestrebungen bisher kaum Eingang in die Praxis finden konnten — wenigstens nicht bei der Projektierung offener Kanäle — ist im folgenden kein weiterer Gebrauch davon gemacht worden.

Die Versuchsstrecke.

Die Lage der untersuchten Kanalstrecke geht aus e in Bild 2 (Seite 7) hervor. Das Gerinne bildet einen Teil der 83 m langen Haltung I, eines für 4 m³/s Wasserführung berechneten Erdgerinnes, das die Versuchsanstalt Obernach in nordsüdlicher Richtung durchschneidet. Der Querschnitt des Gerinnes ist nicht trapez-, sondern muldenförmig ausgebildet, Bild 27; die größte Wassertiefe im Gerinne beträgt 1,25 m. Die Bestimmung des Fließverlustes in der 53 m langen, mit Walzgußasphalt ausgekleideten Versuchsstrecke — die restlichen 30 m sind mit einer Tränkdecke versehen — konnte nur in den letzten 30 m der Walzgußasphaltstrecke vorgenommen werden, da die Strömung im Anfangsteil des Gerinnes durch die Einlaufschütze gestört und auch infolge von Querschnittsänderungen nicht genügend gleichmäßig war, um eine sichere Bestimmung des Rauhigkeitsbeiwertes vornehmen zu können. Der Einbau von zwei düsenförmig ausgebildeten vertikalen Leitwänden *L* (Bild 2 und 44) vor dem Kanaleinlauf verbesserte die anfänglich recht ungünstigen Strömungsverhältnisse wesentlich. Eine stromab der Einlaufschütze angebrachte, in der Höhenlage verstellbare Oberflächenberuhigung (Bild 44) beseitigte kleinere, durch die Leitwände verursachte Spiegelschwankungen. Am Ende der Kanalstrecke war eine mit einem Schieber

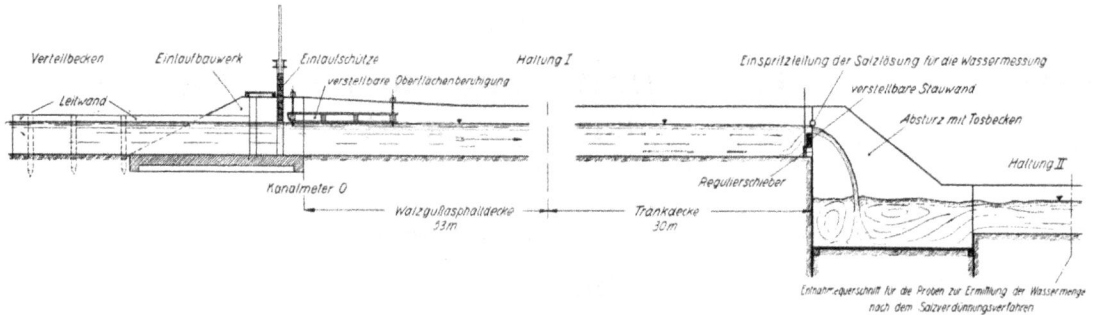

Bild 44.   Längenschnitt durch Haltung I.

versehene Stauwand eingebaut. Durch Veränderung der Wehrhöhe und Regulierung des Schiebers konnten verschiedene Spiegelgefälle eingestellt werden. Die annähernde Einstellung und Grobregelung der Durchflußmengen erfolgte durch die im Einlaufbauwerk der Versuchsanlagen eingebauten Spannschützen *E* (Bild 2), die Feinregulierung durch das am Ende des Verteilbeckens befindliche 9 m breite Streichwehr und die 1 m breite Grundablaßschütze *G*.

Die Meßeinrichtungen und Meßmethoden.

Eine Meßstrecke von 30 m Länge wird nur dann genügen die zur Berechnung des Rauhigkeitskoeffizienten nötigen Einzelwerte sicher zu ermitteln, wenn die Meßeinrichtungen und Meßmethoden entsprechend verfeinert werden. Deshalb wurde eine möglichst hohe Genauigkeit aller Einzelmessungen angestrebt. Obgleich Meßeinrichtungen verwendet wurden, die dieselbe Genauigkeit wie bei Laboratoriumsversuchen gewährleisten, unterscheiden sich die vorliegenden Versuche gegenüber Versuchen in Flußbaulaboratorien vor allem dadurch, daß die Herstellung der untersuchten Kanalstrecke — zumal es sich um eine Erstausführung handelt — keineswegs die Genauigkeit und Gleichmäßigkeit des Profils aufweist, die sich bei der Herstellung von Modellen erreichen läßt. Dieser Umstand und die obenerwähnten unvermeidbaren — wenn auch kleinen — Unregelmäßigkeiten der Strömung dürfen bei der Bewertung der Versuchsergebnisse nicht außer acht gelassen werden.

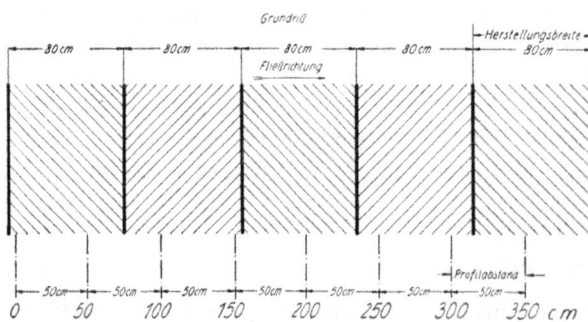

Bild 45.   Lage der aufgenommenen Gerinnequerschnitte.

Die Gerinnequerschnitte wurden in kurzen Abständen längs der Versuchsstrecke aufgenommen, um die Größe und Häufigkeit der unvermeidlichen, bei der Bauausführung entstandenen Querschnitts- und Richtungsänderungen festzulegen. Die Asphaltdecke wurde mittels der Ausbreitmaschine in Streifen von 80 cm Breite hergestellt; die Aufnahme der Querschnitte erfolgte in Abständen von 50 cm, so daß die verschiedenen Deckenstreifen manchmal durch eine, in den anderen Fällen durch zwei Aufnahmen festgelegt wurden (siehe Bild 45). Die Ergebnisse der Aufnahme sind durchweg für 50 cm Profilentfernung ausgewertet. Hierdurch wird zwar der gegenseitige Vergleich der einzelnen Querschnittsaufnahmen etwas erschwert, für die späteren Folgerungen jedoch, die aus Mittelwerten abgeleitet sind, ist dies ohne Einfluß.

H - Ablesung an den Maßstäben
P - Böschungspunkt
T - Abstand von P bis Bezugslinie B : 0

Meßvorgang (schematische Darstellung)

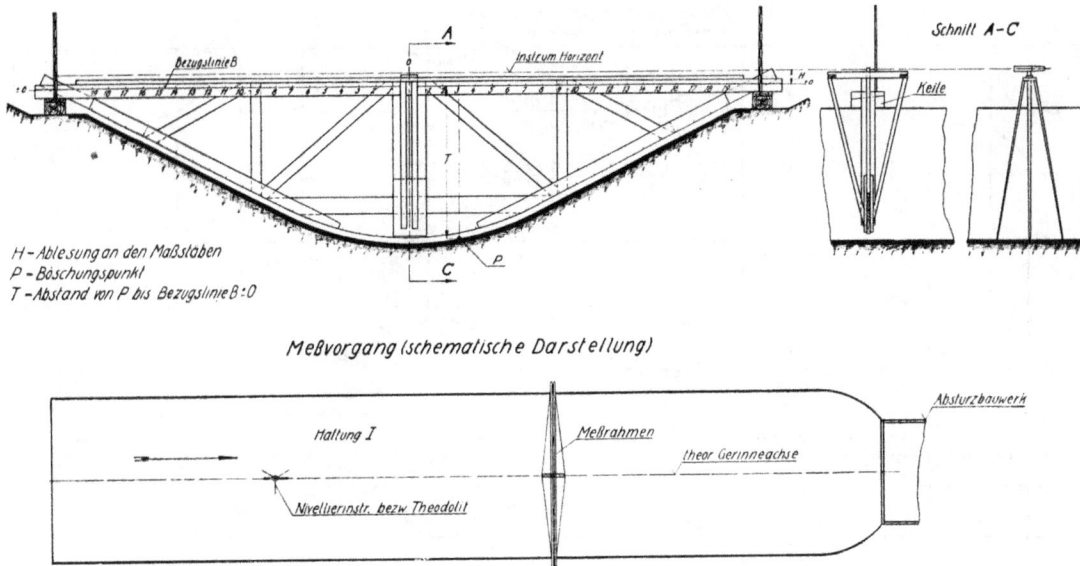

Bild 47. Meßrahmen für die Querschnittsaufnahmen.

Zur Ausmessung des Gerinnes wurde ein tragbarer stabiler Meßrahmen verwendet (Bild 47), dessen Vorderfläche durch eine horizontale Bezugslinie B und 39 Vertikalrisse in ein Koordinatennetz zerlegt war. Bei der Aufnahme wurde, nachdem der Rahmen an den betreffenden Querschnitt gebracht war, die Bezugslinie B mit Hilfe eines Nivellierinstrumentes waagerecht eingerichtet und an einen Fixpunkt angeschlossen, die Lage des Rahmens zur Gerinneachse (Verbindungslinie zwischen Mitte Einlaufschütze und Mitte Absturzbauwerk) mit Hilfe eines Theodolits festgelegt. Hierauf wurden in den 39 Meßvertikalen die Entfernungen T zwischen den Böschungspunkten P und der Bezugslinie B ermittelt. Die Zahl der aufgenommenen Querschnitte betrug 84, die Zahl der eingemessenen Böschungspunkte 3276. Sämtliche Querschnitte wurden im Maßstab 1:10 aufgezeichnet. Für neun dieser Querschnitte, in denen die Abstichpegel zur Bestimmung der Höhenlage des Wasserspiegels angeordnet waren, wurde die Abhängigkeit der Querschnitte und hydraulischen Radien von der Wassertiefe für vier Spiegelhöhen durch Ausmessen ermittelt (Bild 48). Bei allen anderen Profilen wurde an Stelle dieser genauen Querschnittsauswertungen ein einfaches Näherungsverfahren benützt, das den Zweck hatte, ein anschauliches Bild über den Querschnittsverlauf längs der Meßstrecke zu geben.

Für drei Höhenlagen (822,700; 823,00 und 823,250) wurden aus allen Querschnittsaufnahmen die mittleren Breiten

$$\frac{a_r + b_r + c_r}{3} \quad \text{und} \quad \frac{a_l + b_l + c_l}{3}$$

bestimmt und längs der Meßstrecke aufgetragen (Bild 46). Ein Vergleich mit den genauen Querschnittsermittlungen für 30 über die Meßstrecke verteilte Profile ergab, daß sich die Querschnittsflächen näherungsweise ebenso verhalten wie die

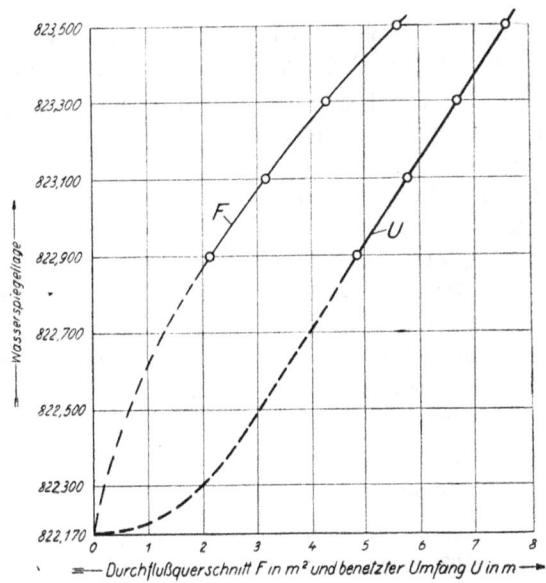

Bild 48. Durchflußquerschnitt und benetzter Umfang abhängig von der Wasserspiegellage Meßstelle 8; Kanalmeter 45,43.

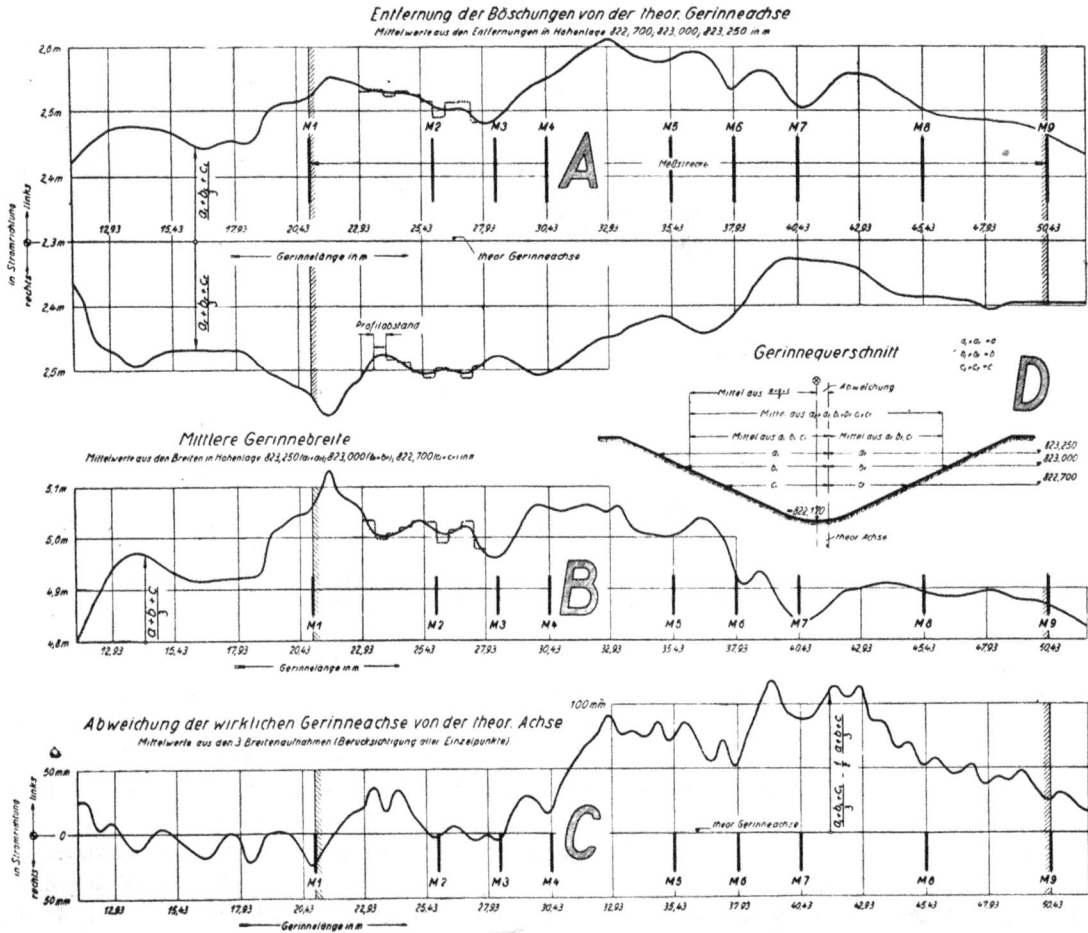

Bild 46. Auswertung der Querschnittsaufnahmen Profilabstand 50 cm.

errechneten „mittleren Breiten". Kurve *B* in Bild 46 zeigt die Änderung der „mittleren Gerinnebreite", Kurve *C* die Abweichung der tatsächlichen Gerinneachse von der theoretisch gezogenen.

Aus den Kurven *A*, *B* und *C* in Bild 46 geht hervor, daß sich die „mittlere Gerinnebreite" und damit indirekt auch der Gerinnequerschnitt sehr stark und plötzlich ändert und daß die Kanalachse erheblich von einer geraden Linie abweicht. Die unregelmäßige, hydraulisch ungünstige Querschnittsausführung war durch die Erprobung der Ausbreitmaschine unter wechselnden Betriebsverhältnissen (verschiedene Deckenstärken, Walzgeschwindigkeiten, unterschiedliches Nachwalzen, wechselnde Bedienungsmannschaft u. a.) und durch die stark wechselnde Beschaffenheit des Untergrundes (teils aufgefüllter, teils gewachsener Boden) bedingt.

Die Messung der sekundlichen Wassermenge erfolgte nach dem in der Versuchsanstalt Obernach vielfach erprobten Salzverdünnungsverfahren[1]). Die Durchmischung der am Ende der Haltung I eingeführten Sole mit dem Betriebswasser war — wie die Auswertung zeigte — sehr gut, die Entnahmestelle hinter dem Absturz also zweckmäßig gewählt (Bild 44).

Die am Ende der Haltung I ermittelte Wassermenge ist um den durch die Undichtheit der Gerinnewandung verursachten Sickerverlust zu klein gemessen. Um diesen Verlust bei der Aus-

---

[1]) O. Kirschmer: Das Salzverdünnungsverfahren für Wassermessungen; Wasserkraft und Wasserwirtschaft 1931, Heft 18, S. 213.

O. Lütschg: Über unsere letzten Erfahrungen mit dem Titrationsverfahren für Wassermessungen; Wasserkraft und Wasserwirtschaft 1928, S. 97.

wertung berücksichtigen zu können, wurde die Haltung an beiden Enden abgesperrt und das Absinken des Wasserspiegels in der anfänglich gefüllten Haltung mit zwei in Bild 49 dargestellten Spitzentastern, abhängig von der Zeit, beobachtet. Die in Zahlentafel V zusammengefaßten Ergebnisse der Sickerversuche sind als Produkt aus der beobachteten Sinkgeschwindigkeit des Wasserspiegels und den zugehörigen Wasserspiegelflächen errechnet.

Zahlentafel V.

Absolute Höhenlage des Wasserspiegels (m)	Mittlere Wassertiefe der Haltung (mm)	Sickerverlust in der ganzen Haltung I (l/s)
822,170	0	—
822,470	300	0,97
822,620	450	2,21
822,770	600	3,51
822,920	750	4,90
823,070	900	6,45
823,220	1050	8,61
823,320	1150	10,93

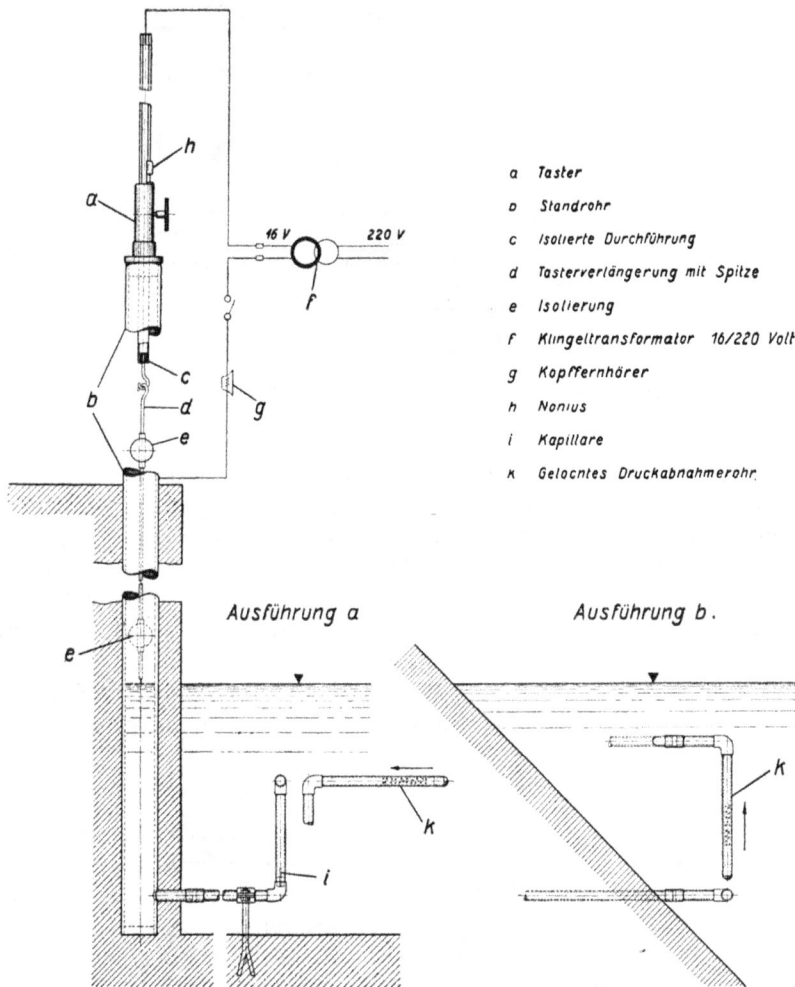

a   Taster

b   Standrohr

c   Isolierte Durchführung

d   Tasterverlängerung mit Spitze

e   Isolierung

f   Klingeltransformator 16/220 Volt

g   Kopffernhörer

h   Nonius

i   Kapillare

k   Gelochtes Druckabnahmerohr

Ausführung a   Ausführung b.

Bild 49. Elektr. akustischer Spitzentaster.

Der ermittelte Sickerverlust in der ganzen Haltung I ist sowohl durch die Undichtheit der 53 m langen in vorliegender Arbeit untersuchten Strecke aus Walzgußasphalt, hauptsächlich aber durch die Undichtheit der anschließenden 30 m langen, etwas porösen Tränkdecke bedingt. Wie aus Laboratoriumsversuchen an Aufbruchproben nachträglich festgestellt wurde, ist der gemessene Sickerverlust fast ausschließlich der Tränkdecke zuzuschreiben, während die Walzgußasphaltdecke selbst an den Stoßstellen der einzelnen Felder keine feststellbaren Sickerverluste erkennen ließ.

Zur Bestimmung der Wasserspiegellage in der rd. 30 m langen Meßstrecke (Kanalmeter 20,93 bis 50,43) dienten 9 mit Nonius versehene Spitzentaster (Bild 49). Der Abstand der Beobachtungsstellen wurde auf Grund eingehender Voruntersuchungen so gewählt, daß der Verlauf des Wasserspiegels durch sie eindeutig festgelegt war und daß die von den Tastern ausgehenden Störungen der Strömung die Anzeige des nachfolgenden Tasters nicht mehr beeinträchtigen konnten. Die Lage der auf diese Weise ermittelten Meßstellen ist aus Bild 52 ersichtlich. Der einfacheren Bedienungsmöglichkeit halber wurden alle 9 Taster auf die rechte Seite des Gerinnes

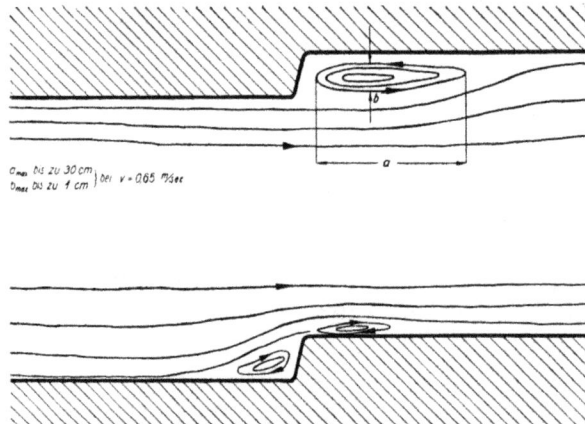

Bild 50. Wirbelbeobachtungen an mangelhaft ausgeführten Stoßstellen.

gelegt. Der Abstand der gelochten Druckabnahmerohre von der Gerinnesohle betrug 800 mm, die Entfernung von der Böschung 180 mm. Diese Entfernung genügte, um Störungen der Tasteranzeigen durch die von den vor- und zurückspringenden Deckenstößen ausgehenden Wirbelschleppen, deren Größenordnung aus Bild 50 ersichtlich ist, zu vermeiden. Die Nullage der Taster wurde auf zwei verschiedene Arten bestimmt; zunächst durch ein etwa halbstündiges gleichzeitiges Beobachten des Wasserspiegels an allen Tastern bei abgestelltem Durchfluß, im zweiten Falle durch mehrmaliges Einnivellieren der Tasterskalen und Ausmessen der Tasterlängen. Durch wiederholte Beobachtungen konnten sehr gute Mittelwerte erzielt werden. Die Genauigkeit bei der Festlegung der Nullage betrug nach der ersten Methode rd. ± 0,1 mm, bei der zweiten Methode ± 0,2 mm.

Durchführung der Versuche und Ergebnisse.

Die Messung des Fließverlustes wurde bei drei verschiedenen Wassermengen und Spiegelgefällen ausgeführt. Nachdem vor Beginn eines Versuches die Nullagen der Taster ermittelt und Durchflußmenge sowie Spiegelgefälle mit Hilfe der früher besprochenen Vorrichtungen eingestellt worden waren, wurde mit der Beobachtung des Wasserspiegels (nach eingetretenem Beharrungszustand) an den 9 Tastern begonnen und gleichzeitig die Wassermenge am Ende der Haltung gemessen. Eine nochmalige Bestimmung der Nullagen wurde am Ende des Versuches vorgenommen.

Zur Bestimmung der Wasserspiegellage an den 9 Meßstellen wurden die von den einzelnen Beobachtern während des Versuches festgestellten Abstichwerte in ein Zeit-Höhendiagramm (Bild 51) eingetragen, die Spiegelschwankungen durch Mittellinien ausgeglichen und die Spiegellage dann für eine bestimmte Meßzeit errechnet.

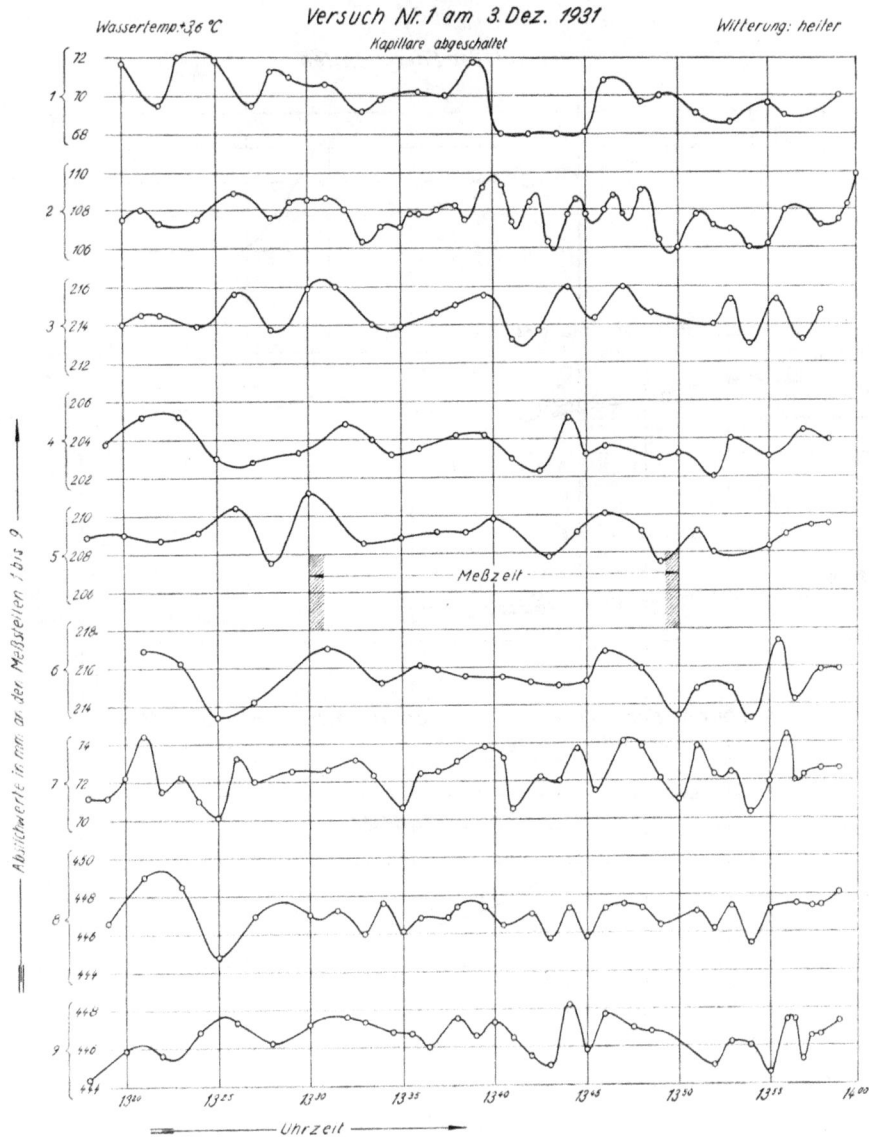

Bild 51. Wasserspiegelbeobachtungen an den Meßstellen 1 bis 9.

Der Verlauf der Spiegellinien war bei allen Versuchen ähnlich, zeigte aber Unregelmäßigkeiten. Da das Spiegelgefälle nicht genau parallel dem Sohlengefälle war und außerdem die einzelnen Gerinnequerschnitte nicht zu vernachlässigende Abweichungen voneinander aufwiesen, wurde das Energieliniengefälle zur Berechnung des Reibungsverlustes herangezogen. Die Berücksichtigung der Geschwindigkeitshöhe hat aber, wie aus Bild 52 hervorgeht, keinen wesentlichen Ausgleich des Kurvenverlaufes herbeigeführt. Die Verflachung der Höhenunterschiede der Energielinien bei abnehmender Fließgeschwindigkeit zeigt, daß diese Unregelmäßigkeiten nicht von einer fehlerhaften

Bestimmung der Tasternullagen herrühren können. Wie aus einem Vergleich der in Bild 46 unter
B und *C* eingetragenen Kurven mit den Energielinien hervorgeht, kann die unregelmäßige Lage der
Energiepunkte größtenteils aus den stark wechselnden Querschnittsverhältnissen, dem unregel-
mäßigen Verlauf der Kanalachse und vielleicht auch der einseitigen Lage der Meßstellen erklärt
werden.

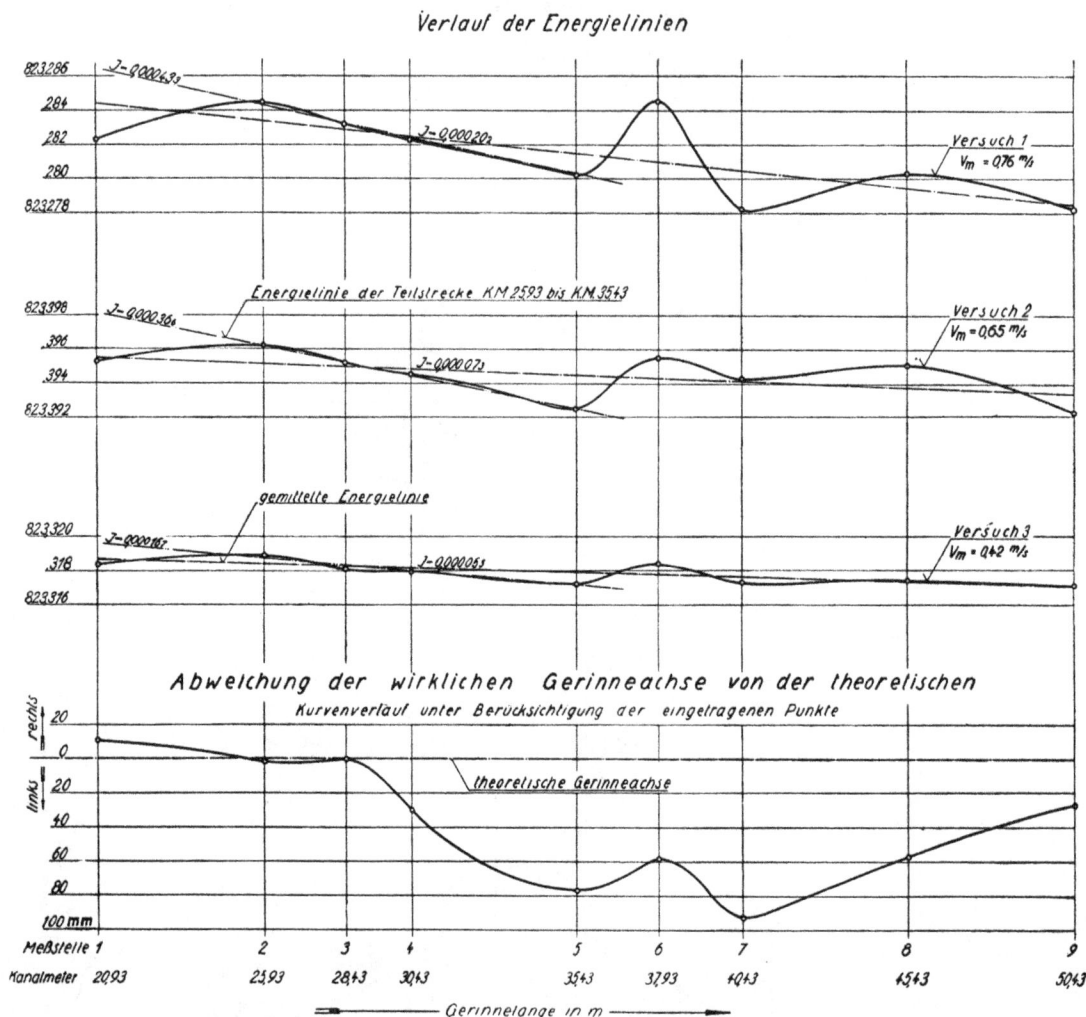

Bild 52. Vergleich des Energielinienverlaufs mit dem Verlauf der wirklichen Gerinneachse.

Für die Berechnung des Rauhigkeitsbeiwertes aus den gemessenen Größen wurde die Potenzformel

$$v = c \cdot R^m \cdot J^n$$

gewählt und nach Manning der Exponent *m* zu $^2/_3$, *n* zu $^1/_2$ angenommen. Mit der Wahl der angegebenen Potenzformel soll nicht etwa ein Werturteil gegen den Ansatz von de Chézy oder die Formeln anderer Forscher ausgesprochen sein. Für den Zweck der vorliegenden Arbeit genügt es,
eine der üblichen Fließformeln herauszugreifen, da eine Umrechnung auf die entsprechenden
Werte anderer Fließformeln ohne weiteres möglich ist, sofern sie nicht noch andere Größen als die
gemessenen enthalten.

Als Durchflußquerschnitt F, mittlere Wassergeschwindigkeit v und hydraulischer Radius R wurden zur Berechnung der Rauhigkeitszahl c die Mittelwerte der aus den 9 Meßstellen sich ergebenden Einzelwerte benützt.

Zahlentafel VI. **Zusammenstellung der Versuchsergebnisse.**

Versuch Nr.	Datum	Wassermenge $Q = F \cdot v$ (m³/s)	Meßstrecke Lage (Kanalmeter)	Länge (m)	Mittlerer hydraul. Radius $R = \dfrac{F}{U}$ (m)	Mittlere Querschnittsfläche F (m²)	Mittlere Wassergeschwindigkeit v (m/s)	Energieliniengefälle J °/₀₀	Rauhigkeitsbeiwert c (m½/s) $v = c \cdot R^{2/3} \cdot J^{1/2}$	Wassertemperatur °C
1	3. 12. 31	3,085	20,93—50,43	29,50	0,626	4,081	0,756	0,202	72,7	$+3,6$
2	4. 12. 31	3,120	20,93 50,43	29,50	0,685	4,834	0,646	0,073	97,4	$+4,5$
3	4. 12. 31	1,852	20,93—50,43	29,50	0,654	4,426	0,418	0,055	74,8	$+4,8$

In Zahlentafel VI sind für die Messungen 1 bis 3 die wichtigsten Versuchswerte zusammengestellt. Ein Vergleich der Meßergebnisse mit den für die Potenzformel $v = c \cdot R^{2/3} \cdot J^{1/2}$ von Manning angegebenen und von Lindquist[1]) nachgeprüften c-Werte zeigt, daß die untersuchte Walzgußasphaltdecke mit dem ermittelten Rauhigkeitsbeiwert $c = 70$—75 zwischen die Rauhigkeitsabstufungen

Gußbeton, gegossen in gehobelter Schalung 80

und Stampfbeton mit glatter Oberfläche . . . . 60—65

einzureihen ist, ein Ergebnis, das von Anfang an vermutet wurde.

Bei der Durchführung von Versuch 2 war kein einwandfreier Beharrungszustand vorhanden; der Wasserspiegel sank an allen Tastern um rd. 0,5 mm/h ab. Der entsprechende c-Wert wurde zwar in Zahlentafel VI aufgenommen, für die Mittelwertbildung aber als zu unsicher ausgeschieden. Die Genauigkeit der übrigen Meßergebnisse dürfte nach überschlägigen Rechnungen zu etwa ± 7 °/₀ eingeschätzt werden.

Zusammenfassung.

Die Ermittlung des Fließverlustes in der mit Walzgußasphalt ausgekleideten Kanalstrecke ergab, daß der Rauhigkeitsbeiwert c einer solchen Auskleidung mit etwa 70 bis 75 in die Formel

$$v = c \cdot R^{2/3} \cdot J^{1/2}$$

eingesetzt werden darf.

Es ist wahrscheinlich, daß bei einer sorgfältigen Herstellung des Belages die Unebenheit an den Stößen geringer und der Rauhigkeitsbeiwert ein höherer wird. Die Walzgußasphaltdecke dürfte somit selbst bei vorsichtiger Beurteilung der Versuchsergebnisse hinsichtlich ihrer Rauhigkeit einer gut ausgeführten Betondecke gleichzusetzen sein.

Zum Schluß sei nochmals darauf hingewiesen, daß nur zwei zuverlässige Messungen vorliegen, die zwar mit großer Sorgfalt durchgeführt wurden, aber doch nicht ausreichen, um endgültige Feststellungen zu machen. Außerdem war die Meßstrecke sehr kurz und die Strömung durch die Einlaufbauten beeinträchtigt — ein Übelstand, der durch die örtliche Lage des Kanals bedingt war und sich nicht ausschalten ließ. Aus diesen Gründen dürfen die gewonnenen Ergebnisse noch nicht als sichere Grundlagen, sondern nur als erster Anhalt für die hydraulische Bewertung der neuen Auskleidungsart betrachtet werden. Das Forschungsinstitut ist bestrebt, das jetzige Material durch weitere Messungen zu vervollständigen.

---

[1]) Handbuch der Physikalischen und Technischen Mechanik, Auerbach & Hort, Bd. V, Leipzig 1931: P. Neményi, Wasserbauliche Strömungslehre.

Kurze Einführung in das Gebiet der Asphalte und ihrer Anwendung in der Technik

von

Dr. Carl Ziegs.

Wenn man über das in der Überschrift genannte Stoffgebiet in einem Kreise spricht, dem die Beschäftigung damit ferner liegt, so findet man gewöhnlich Unklarheit über die in diesem Zusammenhange viel genannten Begriffe „Asphalt" und „Bitumen". Das ist begreiflich; denn leider hat sich auch in der wissenschaftlichen Welt noch keine einheitliche Auffassung gebildet, und es liegt nahe, zur Einleitung einige Worte über diese Grundbegriffe zu sagen.

Berechtigte Aussicht, sich durchzusetzen, haben die Vorschläge, die „Bitumen" als Sammelbegriff dem anderen Sammelbegriff „Teer" und „Pech" gegenüberstellen und unter Bitumen Kohlenwasserstoffgemische verstehen, die entweder in der Natur gefunden werden oder in der Natur vorgebildet sind und durch einfache Destillation (Konzentration) gewonnen werden können. Teere und Peche sind dagegen Stoffe, die durch Zersetzungsdestillation organischer Naturstoffe gewonnen, also bei der Destillation neu gebildet werden.

Aus dem weiten Gebiet des Begriffs „Bitumen" interessieren hier die nicht verseifbaren „Bitumina", zu denen die natürlichen Asphalte, auch Asphaltgestein und Erdöle sowie die aus bestimmten Erdölen bei der Destillation erhaltenen Erdölasphalte gehören. Es muß jedoch hinzugefügt werden, daß der Sprachgebrauch dem Namen Erdölasphalt häufig Asphalt gleichsetzt und außerdem dafür die Bezeichnung Erdölbitumen und auch kurzweg Bitumen gebraucht. Der Grund dafür liegt darin, daß Erdölasphalt heute die natürlichen Asphalte an praktischer Bedeutung weit übertrifft.

Die Worte „Asphalt" und „Bitumen" sind uralt. Asphalt ist von einem griechischen Wort abgeleitet, das so viel bedeutet wie „unveränderlich". Bitumen wurde aus dem Sanskrit in das Lateinische übernommen, wo der Ausdruck pix tumens etwa „wallendes Pech" bedeutet. Weiter aber, als sich an ihren Namen verfolgen läßt, reicht die Anwendung der Bitumina zurück; denn sie findet sich schon im frühesten Stadium menschlicher Technik. Die Babylonier und schon vor ihnen die Sumerer gebrauchten natürlich vorkommenden Asphalt zum Abdichten von Fugen in Ziegelmauerwerk und in Straßenbelägen aus Steinplatten, sogar bei Dammbauten. Daß die Ägypter Asphalt (biblisch Erdpech) zur Konservierung der Mumien verwendet haben, ist vielfach bekannt. Damals wie heute, wurde Asphalt deshalb verwendet, weil es keinen anderen bildsamen Baustoff gibt, der ebenso unveränderlich gegenüber dem Einfluß von Luft, Licht und Wasser ist wie er.

In der europäischen Technik spielt Asphalt erst seit verhältnismäßig kurzer Zeit eine Rolle. Etwa um 1800 begann man, das schon länger bekannte Asphaltvorkommen von Seyssel in Frankreich in größerem Maßstabe auszubeuten und aus dem dort gewonnenen asphalthaltigen Kalkstein eine Art Gußasphalt für Fußwege und Bodenbeläge herzustellen. 1835 wurde in Paris der erste Fußweg mit diesem Belag versehen. Später fand das Verfahren langsam auch in anderen europäischen Ländern Eingang. Das Vorkommen von Seyssel besteht aus einem feinkörnigen, porösen Kalkstein, der von Natur mit etwa 10% Asphalt imprägniert ist. Derartige Asphalt-Kalksteine finden sich in großen Mengen auch an anderen Stellen, z. B. in Val de Travers in der Schweiz, auf Sizilien und in Deutschland bei Limmer und Vorwohle. Die Asphaltgehalte schwanken selbst in verschiedenen Schichten des gleichen Vorkommens. Am meisten verwendet wurden die Gesteine mit etwa

10% Asphalt. Auch Sandsteine, die mit Asphalt durchtränkt sind, werden gefunden, so bei Tartaros in Ungarn, in Kentucky und Kalifornien in den Vereinigten Staaten und Alberta in Kanada.

Wegen des verhältnismäßig geringen Asphaltgehaltes ergeben die europäischen Asphaltgesteine auch in der Wärme keine gießbare Masse. Sie wurden deshalb bei den ersten Versuchen, Gußasphalt herzustellen, mit sogenanntem Bergteer, einem eingedickten Erdöl, angereichert. Das nun schmelzbare Gemisch erhielt den Namen Mastix. Aus der Beobachtung, daß sich gemahlener Asphalt-Kalkstein durch den Verkehrsdruck allmählich verdichtet und eine geschlossene, feste Fahrbahn bildet, wurde ein neues Straßenbauverfahren, der sogenannte Stampfasphalt entwickelt. Im Jahre 1854 wurde in Paris die erste Versuchsstrecke mit diesem Belag versehen. Das Verfahren besteht darin, daß gemahlener Asphalt-Kalkstein (Stampfasphaltmehl) mit etwa 10% Asphalt heiß auf die Straße aufgebracht und mit erwärmten Stampfern festgestampft wird, wodurch sich die Masse zu einer festen, geschlossenen Schicht verkittet. Stampfasphalt verlangt einen starren, absolut unveränderlichen Untergrund und wird deshalb stets auf Betonunterlage verlegt. Der verhältnismäßig hellfarbige Stampfasphalt bildet auch heute noch in den großen europäischen Städten einen großen Teil der Fahrbahnbeläge. In letzter Zeit wird er jedoch kaum noch neu verlegt, da er unter dem Verkehr sehr glatt wird und sehr hohe Anlagekosten verursacht.

Außer den Asphaltgesteinen gibt es natürliche Asphaltvorkommen, die sehr viel mehr Asphalt enthalten. Am bekanntesten ist der Asphaltsee von Trinidad, dessen Oberfläche vollständig mit festem Asphalt bedeckt ist, der ständig wieder nachgebildet wird. Das durch Umschmelzen gereinigte Material (Trinidad Epuré) enthält 50 bis 60% Asphalt und 40 bis 50% fein verteilten Ton. Später bekannt, aber dann ebenfalls stark ausgebeutet, wurde der Asphaltsee von Bermudez in Venezuela. Der Bermudez-Asphalt enthält weniger als 10% Verunreinigungen und ist erheblich weicher als der von Trinidad. Der Vollständigkeit halber soll noch erwähnt werden, daß auch vollständig reine Asphalte ohne mineralische Verunreinigungen gefunden werden, das sind die sogenannten Asphaltite (syrischer Asphalt, Gilsonit, Grahamit), sehr harte, hochglänzende Asphalte, die ausschließlich für die Herstellung von Schwarzlacken verwendet werden.

Wir sahen, daß in Europa die Verwendung der dort natürlich vorkommenden Asphalt-Kalksteine zur Entwicklung des Gußasphalt- und Stampfasphaltverfahrens geführt hatte. In Amerika wurde um 1870 die erste Stampfasphaltstraße hergestellt, und zwar — es klingt heute wie ein Scherz — mit Stampfasphaltmehl, das aus Europa eingeführt war. Die hohen Frachten für ein Produkt, das zu 90% aus Kalkstein bestand, legten natürlich den Gedanken nahe, ein leichter erhältliches und asphaltreicheres Material für den Straßenbau zu verwenden. Das geschah zunächst mit dem Trinidad-Asphalt. Da dieser in der ursprünglichen Form für den Straßenbau zu hart ist, wurde er mit Erdölrückständen gemischt (gefluxt). Damit konnte man z. B. Gußasphaltstraßen herstellen. Man fand aber bald ein neues Verfahren, das darin bestand, daß der erweichte Asphalt, mit Sand und Steinstaub vermischt, heiß auf die Straße aufgebracht und — im Gegensatz zu seinem Vorbild, dem Stampfasphalt — durch Walzen zu einer geschlossenen, zusammenhängenden Schicht verdichtet wurde. So entstand der Walzasphalt, der 1876 zum ersten Male in Washington verlegt wurde, und der von Amerika aus im letzten Jahrzehnt seinen Siegeszug über die ganze Welt ausgeführt hat.

Die Betrachtung der Entwicklung des Asphaltstraßenbaues, der das bedeutendste, wenn auch nicht einzige Anwendungsgebiet der Asphalte ist, hat von selbst einen Überblick über die verschiedenen Arten der natürlich vorkommenden Asphalte ergeben. Es wurde bereits ausgeführt, daß sie mit ganz verschiedener Härte vorkommen und außerordentlich wechselnde Mengen mineralischer Verunreinigungen enthalten. Die Wissenschaft nimmt heute an, daß alle diese Asphalte aus Erdöl entstanden sind dadurch, daß deren leichte Bestandteile verdunsteten und der Rückstand unter der Einwirkung von Luftsauerstoff und gewisser Hilfsstoffe (Katalysatoren) sich weiter veränderte. Diese weiteren Veränderungen bezeichnet man als Polymerisation und Kondensation. Sie bestehen etwa darin, daß kleinere Moleküle zu größeren Verbänden zusammentreten, wodurch die Stoffe dauernd an Zähigkeit zunehmen. Die reinen Asphalte bzw. die Asphaltsubstanz besteht überwiegend aus Kohlenwasserstoffen und hat einen Kohlenstoffgehalt von 80 bis 90%. In untergeordnetem

Maße kommen auch Schwefel-, Sauerstoff- und Stickstoffverbindungen vor. Die Verwandtschaft der natürlichen Asphalte mit den Erdölen kann nicht nur theoretisch und bis zu einem gewissen Grade auch experimentell belegt werden, sondern wird auch sehr deutlich durch die Tatsache, daß Asphaltvorkommen, z. B. das von Trinidad, in direkter Verbindung mit Erdöllagern stehen.

Daß es trotz dieser sicheren Brücke zwischen Naturasphalt und Erdöl zunächst nicht gelang, aus Erdöl Asphalte herzustellen, die den natürlichen gleichkamen, lag daran, daß die damals bekannten Erdöle grundsätzlich anderer Art waren als die, aus denen sich Asphalt gebildet hat. Nur ein Teil der Erdölvorkommen besteht aus asphaltischem Rohöl, d. h. Öl, das die für die Asphalt-bildung notwendigen Kohlenwasserstoffarten und deren Abkömmlinge enthält. Ganz im Gegensatz zu diesem stehen z. B. die Rohöle, die in der Hauptsache Paraffin-kohlenwasserstoffe enthalten, und aus deren Destillations-rückständen man unter Umständen Vaseline, niemals aber Asphalt gewinnen kann. Erst als, besonders in Mittelamerika, Erdöle gefunden wurden, die sehr hohe Ausbeuten an einwandfreiem Asphalt liefern, konnte der Erdölasphalt in den Wettbewerb mit dem Natur-asphalt eintreten, den er längst zu seinen Gunsten entschieden hat. Der Erdölasphalt ist chemisch ebenso zusammengesetzt und verhält sich auch ebenso wie natürlicher Asphalt, hat aber vor diesem den großen Vorzug, daß er keinerlei Verunreinigungen enthält, son-dern sozusagen ein 100 prozentiger Asphalt ist, und daß er in jedem gewünschtem Härtegrad — halbflüssig bis sprunghart — rein hergestellt werden kann. Die Ge-winnungsstätten des Naturasphaltes liegen weiter häufig

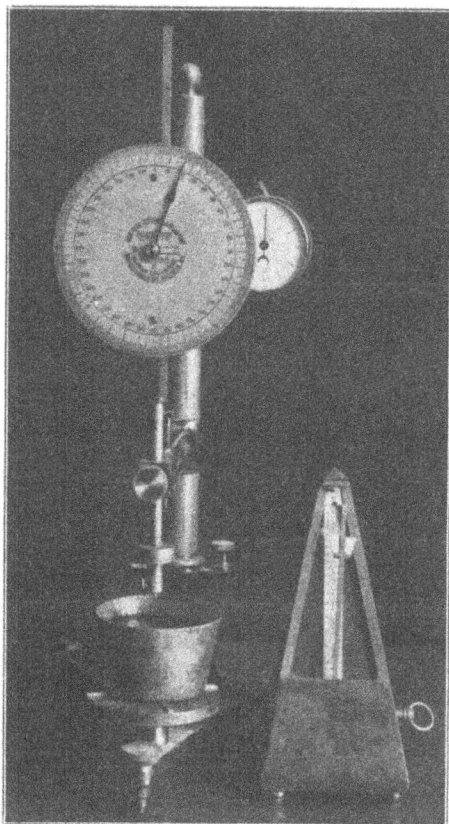

Bild. 53. Penetrometer.

Bild 54. Duktilometer.

sehr ungünstig zu den Verbrauchszentren, während Erdölasphalt in der Nähe der hauptsäch-lichsten Verbrauchsstätten hergestellt werden kann. So sind auch in Deutschland in neuer Zeit große Fabriken für diesen Zweck errichtet worden, die jährlich mehrere 100 000 t Erdölasphalt im Lande selbst herstellen.

Die Verarbeitung der von Natur bereits dickflüssigen, dunklen Rohöle erfolgte früher in Blasen, die oft zu Gruppen vereinigt waren. Das Prinzip der Asphaltherstellung ist, aus dem Rohöl soviel leichte Bestandteile (Benzin, Gasöl, Schmieröle) abzudestillieren, bis der Rückstand, der As-phalt, den gewünschten Härtegrad besitzt. Nachteile der Blasendestillation sind die sehr lange Er-hitzungsdauer des Destillationsgutes und die Notwendigkeit, periodisch zu arbeiten. Durch be-sondere Vorsichtsmaßregeln, Destillation unter vermindertem Druck und unter Einleiten von überhitztem Dampf, ist es möglich, in Blasen vollständig einwandfreien Asphalt herzustellen, der keine unlöslichen, koksartigen Bestandteile enthält. In modernen Fabriken destilliert man in Röhrenöfen, die kontinuierlich arbeiten und einen außerordentlich großen Durchsatz gestatten.

Die Erhitzung des Rohöls erfolgt hier in einem System von Rohren, die untereinander in Verbindung stehen und durch die das Öl verhältnismäßig schnell hindurchfließt. Da es auf diese Weise nur kurze Zeit erhitzt wird, kann man ohne Gefahr hohe Temperaturen anwenden. In den Rohren bildet sich durch die Erhitzung ein Gemisch von Öldämpfen und flüssig bleibendem Rückstand (Asphalt), das sich nach dem Austritt aus dem Ofen in einem Verdampfer (Evaporator) trennt. Die Öldämpfe gelangen aus diesem Verdampfer in sogenannte Dephlegmatoren, wo sie nacheinander verflüssigt und aufgefangen werden. Der heißflüssige Asphalt wird nach Vorratsbehältern (Tanks) gepumpt. Die Härte des gewonnenen Asphaltes wird auch hier bestimmt durch die Menge des vom Rohöl abgetrennten Destillates. Garantie für eine absolut gleichmäßige Qualität des abgelieferten Asphaltes wird dadurch geschaffen, daß der Inhalt eines jedes Tanks lange Zeit durchgemischt und wiederholt auf seine Eigenschaften geprüft wird.

Es dürfte an dieser Stelle interessieren, auf welche Weise diese Prüfung vorgenommen wird. Im allgemeinen kommen für die Untersuchung von Asphalten, die als Stoffe von sehr komplizierter Zusammensetzung keine charakteristischen Naturkonstanten besitzen, Konventionsmethoden in Betracht, das sind Untersuchungsverfahren, deren Einzelheiten durch Übereinkunft genau festgelegt sind, und deren Ergebnisse nur nach bestimmten Gesichtspunkten ausgewertet werden können.

Wie erwähnt, unterscheiden sich die verschiedenen Asphaltsorten vor allem in der Härte. Zu deren Kennzeichnung dient die Penetration, die man auf folgende Weise ermittelt: Genau auf die Oberfläche des auf bestimmter Temperatur, gewöhnlich 25^0, gehaltenen Asphaltes wird eine Nadel von vorgeschriebenen Abmessungen aufgesetzt, die mit 100 g belastet ist. Diese Nadel läßt man während 5 Sekunden — praktisch reibungslos — in den Asphalt eindringen. Der von der Nadel in dieser Zeit zurückgelegte Weg, gemessen in Zehntel Millimetern, ist die Penetration in Graden (Bild 53).

Charakteristisch für die Asphalte ist ihre Dehnbarkeit und Zähigkeit. Ein Maß dafür bildet die Duktilität (Streckbarkeit), die man auf folgende Weise ermittelt: In besonderen Formen mit 2 Ösen wird aus dem Asphalt ein Probekörper hergestellt, der etwa die Form einer Acht hat und eine Stunde lang auf Versuchstemperatur, gewöhnlich ebenfalls 25^0, gehalten werden muß. Die Form wird dann an der Stirnwand eines rechteckigen wassergefüllten Troges festgehängt, während die andere Öse an einem Schlitten befestigt wird. Der Schlitten wird nun mit einer gleichmäßigen Geschwindigkeit von 5 cm in der Minute vorwärts bewegt, wobei sich die Asphaltform auseinander zieht. Die Länge in Zentimetern, die der gebildete Asphaltfaden erreicht, ohne abzureißen, ist die Duktilität. Straßenbauasphalte lassen sich auf diese Weise zu Fäden von mehr als 1 m Länge ausziehen, ohne abzureißen (Bild 54).

Ein für den Handel wichtiges Merkmal der Asphalte ist der Erweichungspunkt, für dessen Feststellung zwei Methoden bestehen, die verschiedene Resultate liefern. International gebräuchlich ist die Methode mit Ring und Kugel. Dabei wird der Asphalt in einen Ring eingegossen, nach dem Erkalten glatt abgeschnitten und mit einer Stahlkugel von bestimmter Größe belastet. Der Ring kommt in die passende Öffnung einer Metallplatte, unter der in 25 mm Abstand eine zweite befestigt ist. Das Ganze befindet sich in einem Flüssigkeitsbade, das gleichmäßig erwärmt wird. Mit steigender Temperatur drückt die Stahlkugel den Asphalt allmählich aus dem Ring heraus. Der Augenblick, in dem der Asphalt nun die zweite Platte berührt, ist der Erweichungspunkt (Bild 55 und 56).

Das in Deutschland noch vielfach gebrauchte Verfahren zur Bestimmung des Erweichungspunktes nach Kraemer-Sarnow beruht darauf, daß Asphalt in geringer Höhe in ein zylindrisches Glasröhrchen eingegossen und nach dem Erkalten mit einer bestimmten Menge Quecksilber belastet wird. Wird dann das Röhrchen in einem Flüssigkeitsbade erwärmt, so wird der Asphalt durch das Quecksilber allmählich aus dem Röhrchen herausgedrückt (Bild 57 und 58). Der Augenblick, in dem das Quecksilber durch den Asphalt hindurchbricht, ist der Erweichungspunkt, der 10 bis 15^0 tiefer liegt, als nach der Methode mit Ring und Kugel.

Für die Bestimmung etwa vorhandener unlöslicher Bestandteile wird eine gewogene Menge Asphalt in einem Lösungsmittel, z. B. in Schwefelkohlenstoff oder Tetrachlorkohlenstoff, aufgelöst und dann filtriert. Ungelöste Bestandteile bleiben auf dem Filter und können gewogen werden. Gute Erdölasphalte enthalten praktisch keine unlöslichen Bestandteile.

Die Beschaffenheit der unter Verwendung von Asphalt hergestellten Produkte wird meist sehr stark durch die Art der übrigen Bestandteile beeinflußt, so daß sich für jedes einzelne Gebiet besondere Untersuchungsmethoden herausgebildet haben.

Die Eigenschaften, denen der Asphalt seine außerordentliche Bedeutung als Baustoff verdankt, sind: Große Kitt- und Klebekraft, Zähigkeit und Elastizität innerhalb eines großen Temperatur-

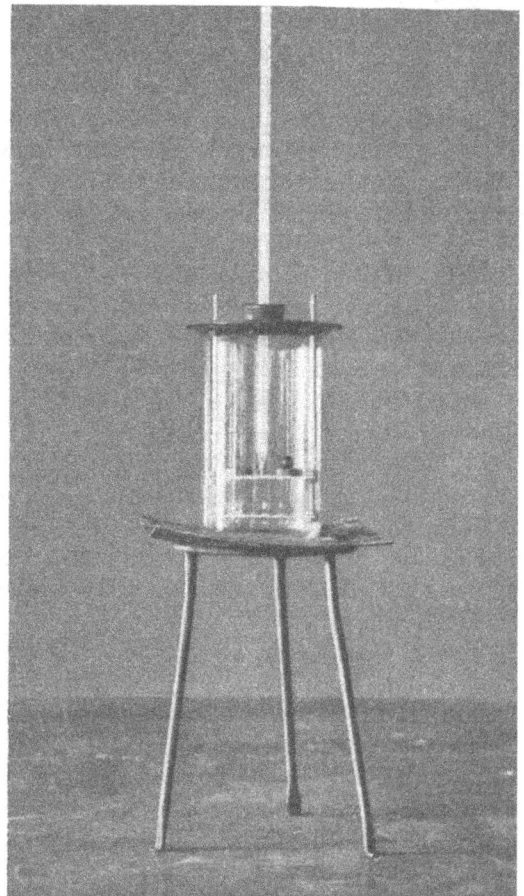

Bild 55 und 56. Apparatur für die Ring- und Kugel-Methode.

gebietes, also gute Temperaturbeständigkeit und absolute Widerstandsfähigkeit gegen Wasser, auch aggressive Wässer und sogar wässerige Säuren und Laugen.

Das Anwendungsgebiet, in dem die größten Mengen Asphalt verbraucht werden, ist der moderne Straßenbau. Die alten Schotterstraßen (Makadam-Straßen) sind dem neuzeitlichen Kraftwagenverkehr wegen der starken Beanspruchung durch die Triebräder der Kraftwagen und der Saugwirkung der Gummireifen in keiner Weise mehr gewachsen. Die Oberfläche solcher Straßen wird sehr rasch zerstört, die Folge sind Schlaglöcher und eine gesundheitsschädliche Staubentwicklung. Aber auch nach früheren Methoden befestigte Straßen entsprechen unter Umständen dem heutigen Verkehr nicht mehr, z. B. Pflasterstraßen in Städten, die besonders bei Lastwagenverkehr schwere Erschütterungen der anliegenden Gebäude und unerträglichen Lärm verursachen.

Neuzeitliche Straßendecken, die den Anforderungen des heutigen Verkehrs gewachsen sind, erhält man im Prinzip dadurch, daß man sie nicht mehr aus Schotter herstellt, dessen Hohlräume mit losem Sand angefüllt sind, sondern aus Mineralstoffen, die untereinander durch den zähen, wetterbeständigen Asphalt verkittet sind. Dabei entstehen gleichzeitig wasserundurchlässige Straßendecken, die durch die Einwirkung von Wasser und Frost nicht geschädigt werden können, die staubfrei sind und wegen ihrer Elastizität die Verkehrsgeräusche stark abschwächen.

Das einfachste Verfahren ist eine sogenannte Oberflächenbehandlung (Bild 59), die darin

Bild 57 und 58. Apparatur für die Krämer-Sarnow-Methode.

besteht, daß auf die trockene, staubfreie Straßenoberfläche (Makadam, Pflaster oder Beton) eine dünne Schicht weichen Asphalts heißflüssig aufgespritzt und dann mit Splitt abgestreut wird. Splitt und Asphalt bilden nach dem Erkalten eine dichte, zähe Haut, die jedoch nur dünn ist und deshalb ohne häufige Erneuerung großen Anforderungen nicht gewachsen sein kann.

Sehr widerstandsfähige Decken kann man nach dem Tränkverfahren herstellen. Dazu wird auf einen genügend befestigten Untergrund eine etwa 10 cm starke Schicht von trockenem Schotter aufgebracht, der dann mit Hilfe von Spritzmaschinen, unter Umständen genügen Gießkannen, in seiner ganzen Tiefe mit heißem Asphalt getränkt wird, wobei möglichst alle Steine mit dem Asphalt in Berührung kommen sollen (Bild 60). Darauf wird mit Splitt abgestreut und gewalzt. Schließlich erhält die Decke einen Oberflächenüberzug in der oben geschilderten Art.

Die hochwertigsten und deshalb auf die Dauer wirtschaftlichsten Beläge stellt man im Misch-

Bild 59. Oberflächenbehandlung.

verfahren her, das von den beiden beschriebenen Methoden grundsätzlich verschieden ist. Die Umhüllung der Mineralstoffe mit dem Asphalt erfolgt hier nicht auf bzw. in der Straßendecke, sondern vor dem Aufbringen der gesamten Belagmasse. Man benutzt dafür besonders konstruierte Maschinen, in denen Steinsplitt, Sand u. dgl. getrocknet, auf 180 bis 200⁰ erwärmt und schließlich mit dem geschmolzenen Asphalt von der gleichen Temperatur vermischt werden. Fast immer wird außerdem ein feines Steinmehl, sogenannter Füllstoff, zugesetzt. Das fertige Gemisch wird nach der Baustelle transportiert, dort ausgebreitet und durch Walzen verdichtet (Bild 61). Je nach der Zusammensetzung des Mineralgerüstes unterscheidet man verschiedene Arten von Mischdecken.

Steinschlag-Asphalt besteht aus Steinschlag, Steinsplitt und 5 bis 7% Asphalt. Er enthält höchstens geringe Mengen von Sand. Der in einer Stärke von etwa 8 cm eingebaute Belag enthält infolge der Zusammensetzung seiner Mineralbestandteile auch nach dem Einwalzen noch Hohlräume. Man bezeichnet Steinschlag-Asphalt deshalb als eine „offene Bauweise" und versieht den fertigen Belag stets zur Abdichtung mit einer Oberflächenbehandlung.

Anders aufgebaut sind die geschlossenen Beläge, Asphalt-Grobbeton, Asphalt-Feinbeton (Topeka) und Sandasphalt. Die in diesen Belägen enthaltenen Mineralmischungen müssen so zu-

Bild 60. Einbau einer Tränkdecke.

sammengesetzt sein, daß sie von vornherein möglichst wenig Hohlräume enthalten (Grundsatz des Hohlraumminimums). Es kann dann so viel Asphalt zugesetzt werden, daß diese Hohlräume praktisch ausgefüllt sind, ohne daß der Belag zu weich wird oder sich nicht walzen läßt. Bei diesen Belägen ist sorgfältige Auswahl und Untersuchung der verwendeten Mineralstoffe und genaue Einhaltung des einmal festgelegten Mischungsverhältnisses notwendig.

Asphalt-Grobbeton ist ein Gemisch von Steinsplitt, Steingrus, Sand und Füllstoff mit einem Hohlraum von höchstens 18 Vol.-% (Bild 62). Der notwendige Asphaltzusatz beträgt 6 bis 7%. Asphalt-Grobbeton wird im allgemeinen einschichtig 5 bis 8 cm stark verlegt und zur Sicherheit meist mit einer Oberflächenbehandlung versehen. Die im Namen zum Ausdruck kommende Analogie mit Zementbeton besteht darin, daß bei beiden ein möglichst hohlraumarmes

Bild 61. Einbau einer Mischdecke.

Gemisch von Splitt, Grus und Sand die Grundmasse bildet, deren einzelne Bestandteile durch das in verhältnismäßig dünner Schicht aufliegende Bindemittel zu einer dichten Masse verkittet werden. Der Unterschied zwischen Asphaltbeton und Zementbeton besteht darin, daß der Asphaltbeton infolge der Art des verwendeten Bindemittels elastisch, bei Untergrundbewegungen bis zu einem gewissen Grade nachgiebig ist, während Zementbeton vollständig starr und unnachgiebig ist, so daß bei größeren Flächen Fugen notwendig sind, während alle Asphaltbeläge ohne jede Fuge verlegt werden.

Asphalt-Feinbeton enthält nur 15 bis 30% Steinsplitt bzw. -grus, Sand und Füllstoff (Bild 63). Der Hohlraum der Mineralmischung soll höchstens 22 Vol.-% betragen. Der erforderliche Asphaltzusatz ist gewöhnlich 7½ bis 9%. Asphalt-Feinbeton wird bei Decken von mehr als 4 bis 5 cm Stärke in zwei Schichten verlegt. Häufig verwendet man als Unterschicht einen Binder, d. h. eine offene Mischung von der Art des schon beschriebenen Steinschlag-Asphaltes. Asphalt-Feinbeton ist nach der Fertigstellung vollständig dicht und kann sofort dem Verkehr übergeben werden.

Sandasphalt besteht nur aus Sand, auch Quetschsand, bis 2 mm und Füllstoff (Bild 64). Um eine genügend dichte Mischung mit höchstens 25% Hohlräumen zu erhalten, muß man gewöhnlich wenigstens zwei Sande verschiedener Körnung mischen. Der Asphaltzusatz beträgt 9 bis 11%. Sandasphalt wird

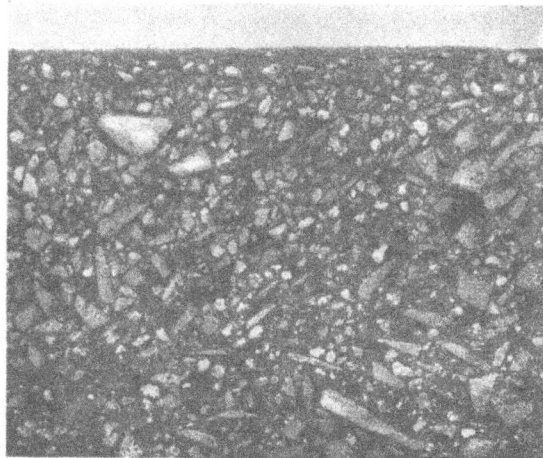

Bild 62. Asphalt-Grobbeton.

5*

ebenso wie Asphalt-Feinbeton häufig auf Binder verlegt und kann nach der Fertigstellung sofort dem Verkehr übergeben werden.

Eine besondere Art der Mischdecken bildet der Gußasphalt, der heute meistens als Hartguß-asphalt, d. h. mit Feinsplitt oder Grus an Stelle des früher verwendeten Kieses hergestellt wird. Die Herstellung des Gußasphaltes erfolgt in besonderen, mit einem Rührwerk ausgerüsteten Kochern, der Transport in heizbaren, ebenfalls mit Rührvorrichtungen versehenen Transportwagen (Bild 65). Gußasphalt unterscheidet sich von den bisher beschriebenen Mischdecken dadurch, daß er mehr Füllstoff, und zwar grundsätzlich Kalksteinmehl enthält, und daß der Asphaltgehalt nicht nur die Hohlräume der Mineralmischung annähernd ausfüllt, sondern um einige Raumpro-zente übersteigt. Dadurch wird er in der Wärme breiartig, läßt sich mit Eimern ausgießen und von Hand glattstreichen. Man ist für die Bereitung des Gußasphaltes heute nicht mehr auf Natur-asphalt angewiesen, sondern kann einwandfreien Hartgußasphalt aus Steingrus, Kalksteinmehl und Erdölasphalt herstellen. Gußasphalt ist seinem Aufbau nach grundsätzlich vollständig dicht

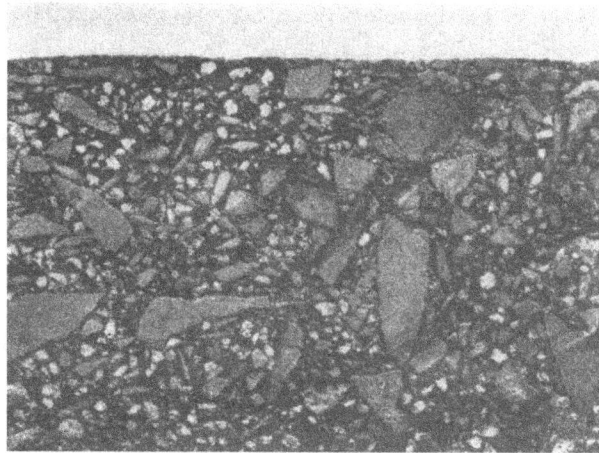

Bild 63. Asphalt-Feinbeton.

und wasserundurchlässig. Sein Asphaltgehalt schwankt zwischen 8 und 12%, je nach der Dichte der Mineralmischung. Man verlegt Gußasphalt höchstens in 3 cm Stärke und stellt stärkere Beläge in zwei Schichten her.

Die Notwendigkeit, den Asphalt für Straßenbauzwecke an der Baustelle zu erhitzen, um ihn gebrauchsfertig zu machen, bereitete unter Umständen besonders bei kleinen Bauvorhaben Schwie-rigkeiten, so daß der Wunsch nach einem kalt verarbeiteten Asphalt aufgetreten ist. Diesem Wunsche wird entsprochen durch die sogenannten Kaltasphalte oder Asphalt-Emulsionen. Diese enthalten etwa 50% Wasser, in dem durch einen besonderen Fabrikationsvorgang Asphalt in fein-sten Tröpfchen verteilt ist. Derartige Emulsionen sind transportfähig und auch einige Zeit lager-beständig. Sie sind dünnflüssig und lassen sich in Spritzmaschinen leicht verarbeiten. Kommt die Emulsion in Berührung mit Steinsplitt oder anderen Bestandteilen der Straßenoberfläche, die allerdings staubfrei sein müssen, so zerfällt sie und der Asphalt scheidet sich als zusammenhängende Schicht aus. Das gleichfalls ausgeschiedene Wasser versickert oder verdunstet. Asphalt-Emul-sionen werden in großem Maße hauptsächlich für Oberflächenbehandlungen und Tränkungen verbraucht. Sie ermöglichen lediglich eine besonders einfache Aufbringung des Asphaltes, dessen Funktionen in der Straße genau so sind wie bei heiß hergestellten Belägen.

Eine besondere Form der Asphaltverwendung im Straßenbau bilden die Pflasterverguß-massen oder Pflasterkitte, mit denen die Fugen im Großpflaster ausgegossen werden, um es staubfrei und vollständig geschlossen zu machen und gleichzeitig den Straßenlärm herabzumindern. Diese

Massen bestehen etwa zur Hälfte aus Asphalt und zur Hälfte aus einem Steinmehl als Füllstoff. Sie sind in der Wärme flüssig und gießbar, nach dem Erkalten fest, elastisch und beständig gegen Temperaturschwankungen.

In neuester Zeit ist Walzasphalt, und zwar dichter Asphalt-Grobbeton und Asphalt-Feinbeton, von der Reichsbahn mit Erfolg auch für Isolierungen des Gleisoberbaues verwendet worden. Die undurchlässige Walzasphaltschicht wurde zwischen Bahnplanum und Schotterschicht angebracht, um das Eindringen von Schlamm in das Schotterbett zu verhindern (Bild 66). Diese Anwendung des Asphaltes bildet einen Übergang zu einem weiteren großen Verwendungsgebiet von Asphalt, dem der Isolierungen im Hoch- und Tiefbau.

Das Gebiet der Isolierungen mit Hilfe von Asphalt ist außerordentlich vielseitig. Grundsätzlich handelt es sich darum, Bauwerke (Fundamente, Innenräume, auch einzelne Wandflächen, Dachkonstruktionen, Brücken, Talsperren, Tunnelbauten usw.) gegen das Eindringen von Grund- und Tageswasser zuverlässig abzudichten. Häufig soll die Dichtung auch gegen aggressive Wässer

Bild 64.   Sandasphalt.

schützen, nur in Ausnahmefällen gegen schädliche Gase oder verdünnte Säuren und Laugen bei Industriebauten. Hierher gehören auch Rostschutzanstriche bei Eisenkonstruktionen und eisernen Rohren. Seine Stellung in der Isoliertechnik verdankt der Asphalt seiner Wetterbeständigkeit und vollständigen Undurchlässigkeit von Wasser, selbstverständlich unter der Voraussetzung, daß wirklich eine porenfreie Schutzschicht hergestellt wird.

Am einfachsten geschieht die Herstellung von Schutzanstrichen mit Hilfe kalt streichbarer Anstrichmittel, sogenannter Asphaltlacke. Diese bestehen im allgemeinen aus einem geeigneten Asphalt und einem flüchtigen Lösungsmittel, z. B. Lösungsbenzin. Nach dem Aufbringen des Anstriches verdunstet das Lösungsmittel, und es hinterbleibt eine zusammenhängende Asphaltschicht, die der Natur der Sache nach verhältnismäßig dünn ist. Man bringt deshalb meist mehrere Anstriche hintereinander auf. Die Lacke enthalten vielfach Zusätze von trocknenden Ölen und Harzen. Man gebraucht sie für Betonanstriche, das Hauptverwendungsgebiet dürften aber Eisenkonstruktionen sein.

Es gibt auch pastenförmige Anstrichmittel, die aus einem Asphalt und einem flüchtigen Lösungsmittel bestehen und daneben Asbestfasern und gegebenenfalls ein Steinmehl als Füllstoff enthalten. Sie werden mit der Kelle oder einem Spachtel aufgetragen und sind nach dem Verdunsten des Lösungsmittels fest. Sie werden vielfach zu Ausbesserungen von Pappdächern oder auch als selbständige Isolierschichten gebraucht.

Eine einfache Dichtungsmethode ist auch das Aufbringen einer Schicht von geschmolzenem Asphalt auf die zu schützende Fläche (Überzugsmasse, Deckmasse). Wirklich dauerhafte, rostschützende Überzüge auf eisernen Rohren werden auf ähnliche Weise hergestellt, nämlich durch Eintauchen der warmen Rohre in geschmolzenen Asphalt. Sehr viel wird geschmolzener Asphalt in Verbindung mit den später beschriebenen Dichtungsbahnen verwendet (Klebemasse). An Stelle von reinem Asphalt werden auch Mischungen mit Füllstoffen gebraucht, sogenannte Asphaltkitte. Enthalten diese viel Füllstoffe, etwa 50%, so spricht man von Vergußmassen, die zum Ausfüllen von Fugen in Bauwerken dienen.

Ein besonderes Kapitel bilden Dichtungsbahnen, das sind mit Asphalt getränkte Pappen, Filze und Jutegewebe. Sie dienen zur Herstellung von Dichtungen, deren Träger das Bauwerk nicht selbst ist. Dadurch, daß die Dichtungsmasse, der Asphalt, eine besondere Einlage erhalten hat, sind diese Dichtungsbahnen bis zu einem gewissen Grade selbständige Bauelemente geworden.

Bild 65. Einbau von Gußasphalt.

Das bekannteste Material dieser Art sind die teerfreien oder Asphalt-Dachpappen. Sie werden hergestellt durch Tränkung (Imprägnierung) trockener Rohpappen in Gefäßen, die mit geschmolzenem Asphalt gefüllt sind (Imprägnierpfannen). Der Asphaltüberschuß wird durch Auspressen zwischen eng gestellten Walzen entfernt. Zum Gebrauch als Dachpappe erhält die zunächst nur imprägnierte Pappe auf einer, manchmal auch auf beiden Seiten einen Überzug aus einem härteren, besonders wetterbeständigen Asphalt, der ebenfalls in geschmolzenem Zustande aufgebracht wird. Die fertige Pappe wird mit Talkum abgestreut, um das Zusammenkleben der Rollen zu verhindern.

Isolierpappen, die mit und ohne Belag verwendet werden, werden auf dieselbe Weise hergestellt wie die Dachpappen. Spezialerzeugnisse für Isolierungszwecke sind Asphaltfilze, Gewebeplatten und Pappen mit Gewebe- oder Bleieinlage. Die Gewebeplatten bestehen aus grobem Jutegewebe, das mit Asphalt imprägniert und beiderseits überzogen ist. Sie zeichnen sich durch besondere Elastizität aus. Isolierpappen mit Gewebe- oder Bleieinlage bestehen aus zwei imprägnierten Pappbahnen, zwischen die ebenfalls mit Hilfe von Asphalt eine Schicht Jutegewebe oder dünnes Walzblei eingeklebt ist. Diese Dichtungsbahnen verwendet man zur Isolierung besonders hochwertiger Bauwerke und an Stellen, die nach der Fertigstellung des Baues nicht mehr ohne weiteres zugänglich sind. Das Aufbringen einer Pappdichtung geschieht so, daß die Pappbahnen

Bild 66. Einbau einer Planumsdichtung.

mit geschmolzenem Asphalt (Klebemasse) auf die zu schützende Fläche aufgeklebt werden. Die Stöße der einzelnen Bahnen müssen sich überdecken und werden besonders verklebt. Zum Abschluß erhält die ganze Fläche nochmals einen Anstrich aus geschmolzenem Asphalt. Solche Dichtungen werden gebraucht für Brücken, Gewölbe, Unterführungen, Talsperren usw. Größte Sorgfalt erfordern Abdichtungen im Grundwasser (bei Brückenpfeilern und Widerlagern, Untergrundbahnen u. dgl.). Je nach der Höhe des Wasserdruckes werden hier 2, 3, sogar 4 Lagen imprägnierter Pappen verwendet, zwischen denen sich jedesmal eine Lage Klebemasse befindet. Ist mit starken Bewegungen des Bauwerks zu rechnen, so wird die dem Bauwerk aufliegende Pappschicht nicht mit diesem durch Klebemasse verbunden, so daß die ganze Isolierschicht von den Bewegungen des Bauwerks bis zu einem gewissen Grade unabhängig wird. Die Dichtungsbahnen haben heute auch für die Abdichtung von flachen Dächern, Terrassen, Waschküchen u. dgl. den früher für diesen Zweck verwendeten Gußasphalt vielfach verdrängt.

Auch in der Elektrotechnik findet Asphalt Anwendung, z. B. als Kabelvergußmasse zur Ausfüllung des Zwischenraumes zwischen den Adern und der Umhüllung von Kabeln, für Isolierbänder aus Baumwollgewebe, das mit weichem Asphalt getränkt wird, und als Ausgußmasse für Batterien.

Ein interessantes Anwendungsgebiet ist schließlich die Herstellung von Linoleum-Ersatz, der aus asphaltgetränkter guter Wollfilzpappe besteht, die evtl. nach Aufbringung einer Zwischenschicht mit besonderen Farben bedruckt wird.

Zum Schluß soll kurz auf die Prüfungsmethoden eingegangen werden, die bei der Untersuchung asphalthaltiger Massen üblich sind. Bei den Walzasphaltmischdecken sind vor der Ausführung die Mineralstoffe zu untersuchen und zu brauchbaren, genügend dichten Mischungen zusammenzustellen. Der notwendige Asphaltzusatz wird mit Hilfe von Probekörpern der fertigen Mischung festgestellt. Aufbruchstücke der fertigen Beläge werden vor allem auf Porengehalt geprüft, der durch Wasseraufnahme unter Vakuum ermittelt wird. Weiter werden festgestellt: Raumgewicht, Druckfestigkeit, Abnutzung unter dem Sandstrahl, Widerstand gegen Eindrücke, Verhalten bei der Wasserlagerung (Quellen), in besonderen Fällen auch die Zugfestigkeit und bei Isolierschichten die Wasserdurchlässigkeit. Durch Extraktion mit einem geeigneten Lösungsmittel, z. B. Schwefelkohlenstoff, wird dann der Asphalt von der Mineralsubstanz abgetrennt und auf diese Weise der Asphaltgehalt bestimmt. Mineralstoffe und der wiedergewonnene Asphalt können weiter getrennt untersucht werden.

Asphaltkitte, Pflastervergußmassen u. dgl. werden auf Erweichungspunkt, Gießbarkeit in der Wärme, Verhalten unter Schlag in der Kälte (Sprödigkeit) geprüft. Weiter interessieren der Asphaltgehalt sowie Art und Menge der verwendeten Füllstoffe, die durch Extraktion festgestellt werden können.

Anstrichmittel sind zu prüfen auf Streichfähigkeit, Trockenzeit und Deckkraft, Probeanstriche auf Elastizität (Biegeprobe), Temperaturbeständigkeit und in besonderen Fällen auf Widerstandsfähigkeit gegen aggressive Flüssigkeiten.

Bei Dichtungsbahnen ist festzustellen: Die Wasserdurchlässigkeit bei steigendem Wasserdruck, die Elastizität (durch Biegen über Dorne von verschiedenem Durchmesser), die Zugfestigkeit, der Asphaltgehalt und die Art der Einlage.

Anhang.

Schrifttum über das Forschungs-Institut für Wasserbau und Wasserkraft e. V. München.

1. Denkschrift über die Errichtung eines Forschungs-Institutes für Wasserbau und Wasserkraft am Walchensee. Verlag R. Oldenbourg, München. Vergriffen.
2. O. v. Miller: Die Ausnützung der Wasserkräfte. Zeitschrift Die Naturwissenschaften, Jahrg. 1925, S. 181.
3. O. Kirschmer: Untersuchung der Überfallkoeffizienten für einige Wehre mit gerundeter Krone. Mitteilungen des Hydr. Instituts der Technischen Hochschule München, Heft 2; Verlag R. Oldenbourg, München 1928.
4. O. Kirschmer: Untersuchung der Überfallkoeffizienten am Absturzwerk I im Semptflutkanal der Mittleren Isar. Mitteilungen des Forschungs-Instituts für Wasserbau und Wasserkraft, Heft 1; Verlag R. Oldenbourg, München 1928.
5. O. Kirschmer: Forschungs-Institut für Wasserbau und Wasserkraft der Kaiser-Wilhelm-Gesellschaft, München. Handbuch der Kaiser-Wilhelm-Gesellschaft zur Förderung der Wissenschaften; Verlag R. Hobbing, Berlin 1928, S. 96.
6. O. Kirschmer: Das Forschungs-Institut für Wasserbau und Wasserkraft am Walchensee. Forschungsinstitute, ihre Geschichte, Organisation und Ziele, Bd. II, S. 270. Verlag Paul Hartung, Hamburg 1930.
7. Blake R. Van Leer: The Research Institute for Hydraulic and Hydroelectric Structures. Mech. Eng. Mouthly Journal Published by The A.S.M.E., New York 1928, Vol. 50, No. 8, S. 607.
8. O. Kirschmer: Das Forschungsinstitut für Wasserbau und Wasserkraft am Walchensee. Deutsches Museum, Abhandlungen und Berichte 1929, Heft 4, S. 22. VDI-Verlag.
9. O. Kirschmer: Die Wasserbau-Versuchsanlagen am Walchensee. Zeitschrift des VDI 1930, S. 51.
10. O. Kirschmer: Die Aufgaben und die Versuchsanlagen des Forschungs-Instituts für Wasserbau und Wasserkraft. Zeitschrift Deutsche Wasserwirtschaft 1930, S. 12.
11. O. Kirschmer: Vergleichs-Wassermessungen am Walchenseewerk. Zeitschrift des VDI 1930, S. 521.
12. O. Kirschmer-B. Esterer: Die Genauigkeit einiger Wassermeßverfahren. Zeitschrift des VDI 1930, S. 1499.
13. O. Kirschmer: Die Bedeutung der wasserbautechnischen Forschung (Auszug eines Vortrages, gehalten im Kaiser-Wilhelm-Institut für Kohlenforschung in Mülheim/Ruhr. Zeitschrift Forschungen und Fortschritte 1931, S. 88, und Zeitschrift Deutsche Binnenschiffahrt 1931, S. 131.
14. H. Mößlang: Versuche mit neuen Verfahren zur Dichtung und Befestigung von Kanälen. Zeitschrift Deutsche Wasserwirtschaft 1931, S. 182.
15. O. Kirschmer: Das Salzverdünnungsverfahren für Wassermessungen. Zeitschrift Wasserkraft und Wasserwirtschaft 1931, S. 213.
16. H. Rouse: Great German Hydraulic Laboratory. The Research Institute for Hydraulic Engineering and Water Power. Civil Engineering 1931, S. 715.
17. H. Mößlang: El Institute de Investigacion de construccions hidraulicas en Munich. Mexico Revista Mensual Illustrada 1931.
18. H. Engels: Großmodell-Versuche über das Verhalten eines geschiebeführenden gewundenen Wasserlaufes unter der Einwirkung wechselnder Wasserstände und verschiedenartiger Eindeichungen. Zeitschrift Wasserkraft und Wasserwirtschaft 1931, S. 25 und S. 40.
19. H. Rouse: Research Institute for Hydraulic Engineering and Water Power. Hydraulics Section of the Transactions of the A.S.M.E. 1932 und Publications from the Mass. Institute of Technology 1932, S. 27.
20. O. Kirschmer: Diskussionsbericht zum XV. Internationalen Schiffahrtskongreß in Venedig.
21. H. Mößlang: Kosten von Asphalt-Bauweisen zur Dichtung und Befestigung von Erdbauten. Deutsche Wasserwirtschaft 1932. Im Druck.

Mitteilungen des Forschungsinstituts für Wasserbau und Wasserkraft e. V., München

Mitteilungen des Hydraulischen Instituts der Technischen Hochschule München

Herausgegeben von Institutsvorstand Prof. Dr.-Ing. **D. Thoma**

R. OLDENBOURG · MÜNCHEN 1 UND BERLIN